李毓佩 数学故事

彩图版 冒险系列

智人国遇险记

李毓佩 著

U0249334

长江出版传媒　长江少年儿童出版社

鄂新登字 04 号

图书在版编目（CIP）数据

彩图版李毓佩数学故事. 冒险系列. 智人国遇险记 / 李毓佩著.
—武汉：长江少年儿童出版社，2018.10
ISBN 978-7-5560-8743-3

Ⅰ．①彩…　Ⅱ．①李…　Ⅲ．①数学—青少年读物　Ⅳ．①O1-49

中国版本图书馆 CIP 数据核字（2018）第 164833 号

智人国遇险记

出 品 人：何龙
出版发行：长江少年儿童出版社
业务电话：(027)87679174　(027)87679195
网　　址：http://www.cjcpg.com
电子邮箱：cjcpg_cp@163.com
承 印 厂：中印南方印刷有限公司
经　　销：新华书店湖北发行所
印　　张：6
印　　次：2018 年 10 月第 1 版，2023 年 11 月第 6 次印刷
印　　数：42001-45000 册
规　　格：880 毫米×1230 毫米
开　　本：32 开
书　　号：ISBN 978-7-5560-8743-3
定　　价：25.00 元

本书如有印装质量问题　可向承印厂调换

人物介绍

小派

1

本名袁周（爸爸姓袁，妈妈姓周），恰好出生在 3 月 14 日，数学成绩又特别好，数学成绩又特别好，所以大家亲切地叫他"小派"（小 π）。爱动脑筋，思维敏捷，遇紧急情况能沉着应对。

2

二休

3

艾克王子

被智叟国王骗来的邻国王子。热情、勇敢，与二休一起逃离了智人国。

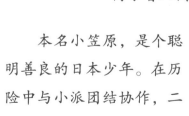

本名小笠原，是个聪明善良的日本少年。在历险中与小派团结协作，二人结下了深厚的友谊。

4

智叟国王

诡计多端、老谋深算。为把全世界才智出众的少年网罗过来，设下了一个又一个阴谋。

5

麻子连长

6

智子

智人国的王子，心地单纯善良。

智叟国王的忠实随从。头脑简单，好酒，屡次被小派和二休捉弄。

目 录
CONTENTS

小派被劫持了

小派的数学成绩特别好，获得过全校、全市、全省数学比赛的第一名。他还特别爱动脑筋，有些大人碰到解决不了的问题时，都请他帮忙。虽然人人都称他为天才，但他总觉得自己和其他同学一样，一点儿天才的架子也没有。

小派也有许多苦恼的事，比如，每天都有许多记者来采访他，问这问那，又签名又录像，把他读书的时间都给挤没了。他白天没时间学习，只好晚上复习功课了。

现在是晚上 10 点半，小派把明天要学的功课预习了一遍后，正准备睡觉，忽然听见砰砰的敲门声。

"谁呀？"小派问了一声，心想：这么晚了，谁还会来找我？

"我是记者，是专程从外地来采访你的，请你开开门。"门外传来一个男人的声音。

小派有些犹豫，但一想到别人是从外地赶来的，便去开了门。他刚把门打开，还没看清叫门人长什么样子，就被一只大口袋从头套到了脚，尽管他在口袋里拼命挣扎，还是被来人扛上了汽车。汽车飞驰而去。

"绑票？"小派最先想到的是这个词。他知道，如果被绑票，只有两种结果：一种是家里人要拿一大笔钱把他从坏人手中赎出来，叫赎票；另一种是家里人到了指定期限拿不出那么多钱去赎，坏人就把绑走的人杀了，叫撕票。想到这里，小派不禁打了个冷战。可他又一想：绑票专绑有钱人家，我家在这里绝对算不上有钱，坏人绑我干什么？

汽车行驶了一个多小时才停下，小派被人从车上扛了下来，走了一大段路后，被轻轻地放到了地上。

口袋被打开了，明亮的灯光照得小派睁不开眼睛。他揉了揉眼睛，看清楚周围有几个彪形大汉，他们都穿着黑色上衣、黑色裤子，看上去像打手。屋子很大，有吊灯、地毯、雕花硬木家具，桌子上摆着许多古玩、玉器，布置得十分豪华。一张大写字台后面，坐着一个又矮又瘦的干巴老头儿，竟然头戴皇冠，身穿龙袍，面带奸笑地看着小派。

小派站起身活动了一下双腿，生气地问："这是什么地方？你们把我抓来干什么？是不是绑票？"

"嘿嘿，绑票？也可以这么说，不过我们不是为了金钱，是为了你的智力，也可以叫智力绑架吧！哈哈……"

瘦老头儿干笑了两声，从椅子上站起来，说，"你问这里是什么地方？我来告诉你,这是世界上独一无二的智人国,也就是由最聪明的人组成的国家。我是智人国的智叟国王,明白了吗？"

小派警惕地问："你们智人国绑架我干什么？"

智叟国王摇摇头说："不要说绑架嘛,我是特意把你请来的,你是我们的小客人。你很聪明,当然要到我们智人国来喽。我有一个伟大的计划：要把全世界的聪明人,特别是才智出众的青少年,都弄到我的智人国来,让智人国名副其实！"

小派说："我不愿意留在这儿，放我回去！"

"回去？笑话！我们好不容易把大名鼎鼎的小派请来，怎么能让你回去呢？"智叟国王招了招手，说，"小派一路辛苦，送他去休息，要好好招待！"

"是！"两名黑衣大汉答应一声，把小派押送到一间屋子里，并把门从外面锁上。屋子里空荡荡的，什么家具也没有。小派一回头，看见墙上挂着几幅画，每幅画的下面都有一个十分显眼的红色电钮。

小派百无聊赖，开始观察这几幅画。最左边的是一幅油画，画上画有一个盘子，盘子里有一个大面包和一根香肠。由于一路折腾，小派还真有点饿了，他再仔细一看，油画的右下角有一行小字，写着：

要吃面包、香肠，请按 x 下电钮。

7	11
6	3

9	40
7	x

小派心想：按 x 下电钮，x 是多少呢？看来要从这两个长方形框中找答案了。

小派仔细观察，发现了第一个长方形框里四个数的运算规律，并按照这种规律算了一下第二个长方形框里的数：

$$(7+11) \div 6 = 3$$
$$(9+40) \div 7 = 7$$

小派按提示按了 7 下电钮，油画慢慢往上升起，墙上露出一个洞，洞里有一个盘子，果真放着面包和香肠。小派也顾不得多想，左手抓起香肠，右手拿起面包，大口大口地吃起来。

小派吃了半个面包，有点噎得慌，心想：要是有杯水喝就好了。他一抬头，看见第二幅画上画有四个茶杯，茶杯下面还有编号，最下面写着几行小字：

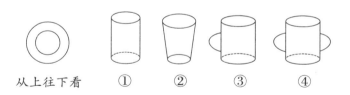

从上往下看　　①　　②　　③　　④

吃了智人国的面包，不喝杯茶水是不成的，不然会被噎死！画上的四个茶杯中，有三杯茶水有毒，只有一杯茶水喝了没事。这杯无毒茶，从上往下看的样子已经画出来了。请按照茶杯下的编号按电钮吧。

　　小派被面包噎得快喘不上气来了，必须立即找出那杯无毒的茶水。他冷静地一想：从上往下看，中间那个圆一定表示的是茶杯底儿。茶杯底儿比较小，应该是2号杯子。小派按了两下红色电钮，画又往上升，后面出现四个茶杯。他端起与众不同的2号茶杯，一饮而尽。吃饱喝足后，小派来了精神，他发现这些画里都藏着奥秘，心想：反正也没事，不如再看看画，活跃一下大脑。

　　第三幅画吸引了小派：画上画了一个身穿袈裟的小和尚，他两眼微闭，双手合十，坐在一个圆垫子上念经。小派心想：这不是日本有名的小和尚一休吗？这里为什么挂一休的画像？

　　小派正纳闷间，忽然传来一声叹息。小派觉得十分奇怪：屋子里明明就我一个人，哪儿来的叹息声？他屏住呼吸仔细听，发现叹息声是从一休的画后面传出来的。

　　"画后面有人！"小派迅速把画掀起来，画后面仍旧是墙，不过墙上写着几行字，墙洞里有一个球。

　　请回答：不许往墙上扔，不许往地上扔，也不许在球上捆绳子。怎样让球扔出去又自动回来？

　　"真有意思。"小派笑着说，"这可难不倒我小派。"

小派把球拿到手里，垂直往空中扔，地球的引力把球吸引回来，刚好落到他手里。这时，画也自动升上去了，画后面出现了一扇小门。小派小心地推开小门，探头往里面一看，里面也是一间同样大小的屋子，屋子中间有一个圆垫，上面坐着一个小和尚，他不是别人，正是一休！

知识点 解析

找规律

故事中，小派通过找出第一个方框中四个数之间的规律，求出了第二个方框中的未知数 x。找规律问题可以从以下几个方面入手：①可以从相邻或相隔两数之间的和、差、积、商等计算中找到规律；②从某一个数与某几个数之间的关系找到规律。

考考你

小派玩密室闯关游戏，只有算出门上 x 是多少，才算闯关成功。你能帮小派算出来吗？

5	8
2	20

6	9
3	x

二休不是和尚

小派无比惊异，问小和尚："喂，一休，你怎么也被抓来啦？"

小和尚听到小派的问话吓了一跳，他赶紧站起来，毕恭毕敬地向小派鞠了一躬，用日语说："您好！"

小和尚果然是日本人。小派掏出纸和笔，和这位日本小和尚笔谈。

小派写道："你是一休和尚吗？"

小和尚写道："我不是一休，也不是和尚，我叫小笠原。由于我学习成绩好，脑子比较灵活，大家又说我长得像一休和尚，就给我起了一个外号，叫'二休'。"

小派又写道："对不起，原来你叫二休。可你为什么穿起袈裟，打扮成一休的模样呢？"

二休写道："昨天，我被智叟国王劫持到这儿，他们非叫我打扮成一休的模样。很高兴认识你，以后请多关照。请问，你叫什么名字？"

"大家都叫我小派，我是中国人。患难之中应该互相帮助。请到我这间屋子来，好吗？"

"谢谢你的邀请，我这就过去。"二休走到小门边，小派伸出双手拉他过来。二休刚刚钻过上半身，只听哗的一声，画从上面落了下来，小门忽然变小，正好把二休卡在门中间。

原来小门是活动的，可大可小。二休被卡在中间，进不来也出不去。由于小门卡得太紧，二休已经憋得满脸通红。小派想用双手把小门拉大，可是哪里拉得动？

小派正急得没法儿，只听哈哈两声干笑，智叟国王已经站到了门口。他笑眯眯地说："中日两国的聪明少年受苦了。"

小派愤怒地喊道："你快把小门放大，不然的话，二休会被挤坏的。"

智叟国王慢吞吞地说："想救出二休不难，听我下面一首诗：

一队和尚一队狗，两队并作一队走。"

二休听了，气愤地说了句日语。

小派明白二休的意思，他对智叟国王说："你把人和狗相提并论，太不尊重人了。"

智叟国王也觉得有些不妥，忙改口说：

"好多和尚往前走，突然遇到一群狗。

数腿共有四百六，数头只有一百九。

想把二休救出来，答出多少和尚多少狗。"他用手摸了摸下巴，说："这个问题，你们俩谁来回答呀？"

救人要紧！小派对智叟国王说："我来解。假设有 x 只狗，则和尚数为 $190-x$。狗有 4 条腿，人有 2 条腿，因此可以列出方程：

$$4x + 2(190 - x) = 460$$

解得 $$x = 40$$

$$190 - 40 = 150$$

共有和尚 150 人，狗 40 只。"

见没有难倒小派，智叟国王又转头对二休说："小派用方程解出了这道题。你必须用算术方法再给我解算一遍，我才考虑放你。"

二休虽然被卡得十分难受，还是在纸上写出了两个算式：

$$（460-190×2）÷2=40$$

$$190-40=150$$

和尚有 150 人，狗有 40 只。

智叟国王故意刁难说："答数是对的，可是我看不懂这个数学式子。"

小派连忙解释说："先把狗的两条前腿与和尚的腿合在一起，共有 190×2 条。这时 460 与 190×2 的差就是狗的后腿数。每只狗有两条后腿，把这个差数用 2 去除，就得到狗的只数了。"

智叟国王见他们都答对了，只好按动墙上的电钮，把小门放大。小派在这边拉，二休也用力挤，才终于让二休从小门中爬了出来。

小派质问智叟国王："你把我们两人各关在一间小屋子里，打的是什么主意？"

智叟国王笑着说："把中日两国的聪明少年请来，自然有大用场，请不要着急。我听说聪明的一休会打狼，我想二休也一定会。闲来无事，我请二位到狼窝里去打狼玩吧。请！"

知识点 解 析

鸡兔同笼

　　智叟国王出的题目是典型的鸡兔同笼问题。解决鸡兔同笼问题，最常用的是列方程和假设法。故事中，已知人和狗一共有 190 个头，460 条腿。小派采用了列方程来求解，二休采用的其实就是假设法，先假设全部是人，则应该有腿 $190 \times 2 = 380$（条），那么 $460 - 380 = 80$（条）就是将狗的 4 条腿算成 2 条后少算的腿数，由此可以求出狗有 40 只。

考考你

　　小派和二休进行数学竞赛，每人各答 10 题。规定答对一题得 5 分，答错一题扣 3 分。小派和二休一共得了 76 分，且小派比二休多得 8 分。他们各答对几道题？

打　狼

智叟国王把小派和二休带到三扇关着的圆形门前面。

智叟国王说："这三扇圆门中，有一扇门里有枪，有一扇门里有狼。每扇门上各写着一句话，但是这三句话中只有一句是真话。请开门打狼吧！不过，我要提醒你们一句，这只狼可是有好多天没吃东西了，假如你们先打开了门里有狼的那扇，对不起，你们就得当饿狼的午餐啦！哈哈……"

只见1号门上写着"枪不在2号门里"，2号门上写着"这扇门里没枪"，3号门上写着"枪在2号门里"。

二休拍了一下脑门儿，直奔2号门，拉开门从里面拿出一支猎枪，哗啦一声推上了子弹。他又拉开1号门，里面什么也没有。二休迅速打开3号门，并躲在门后，一只恶狼嗥叫着从门里蹿了出来，二休急忙扣动扳机，打得还挺准，一枪将狼打倒在地。

"好枪法！"智叟国王拍了两下手，说，"二休，2号门上明明写着没有枪，你为什么偏偏先开2号门呢？"

一名日语翻译把智叟国王的话翻译给二休。二休擦了一下头上的汗，说："1号门上写着'枪不在2号门里'，3号门上写着'枪在2号门里'，这两句话中必有一句是真话，一句是假话。你又说这三句话中只有一句是真话，由此可以判断2号门上写的'这扇门里没枪'一定是假话，因此，枪一定在2号门里。"

"嗯，说得在理。"智叟国王回头对小派说，"下一个难题该你解决了。"

智叟国王带着小派和二休来到一座大房子前面，大门上画着房子内部的示意图。

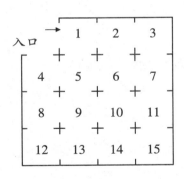

智叟国王指着示意图说："这里面共有15个房间。我把一支猎枪拆成了13个部分，分别放在1号到13号房间内，子弹在14号房间，15号房间里有一只恶狼。"

小派和二休认真地听着，因为一个走神，就可能带来性命之忧。

智叟国王指着小派说："你从入口处进去，至于先进 1 号房间还是先进 4 号房间随你的便，反正每个房间都有好几扇门。不过有一点你必须记住，每个房间你只能进一次。"

"麻子连长！"智叟国王叫了一声。

"到！国王有什么吩咐？"一个又矮又胖的军官站了出来，此人不仅满脸大麻子，还长着一个红红的酒糟鼻子。

智叟国王介绍说："这是我们智人国鼎鼎有名的麻子连长，他勇敢善战，足智多谋。我让麻子连长跟着你，但他可不是保护你，而是每当你走出一间房，麻子连长就把这间房的门锁上，以防你再一次进去。你走遍 1 至 14 号房间，把猎枪的 13 个部分都凑齐了，子弹也找到了，就可以把猎枪组装好。不会装没关系，麻子连长会教你如何组装。"

"对！什么枪我都会拆、会装！"麻子连长神气地挺了挺大肚子。

智叟国王接着说："装好猎枪，再装上子弹，你就可以拉开 15 号房间的门，打死里面的狼。但是，如果你少进一个房间，就会缺少一个部件，猎枪就装不上，到时候麻子连长照样会把你推进 15 号房间，你只好赤手空拳和狼斗一场了，谁胜谁负，靠你自己。当然，走法不止一种，你只要走对了就成。"

麻子连长推了一下小派，恶狠狠地说："快走！"

小派蹲在地上假装系鞋带，心里暗想：我应该按什么路线走呢？先横着走？从 1 经过 2、3 到 7，再从 7 经过 6、5 到 4，再从 8 经 9、10 到 11。不成！如果这样走，12 到 14 号房间就走不到了。

小派站起来，瞪了麻子连长一眼，直奔 1 号房间。麻子连长刚跟着走进去，小派就从原门走了出来，手里拿着一个枪托。

智叟国王冷笑着问："你怎么又出来了？害怕了？"

小派没理会智叟国王，他回头对麻子连长说："提醒你一下，可别忘了锁门！"

麻子连长说："你不说，我还真忘了。"说完赶紧把 1 号房间的三扇门都锁上。

小派每走进一个房间，就飞快地拿起一个猎枪零件，边走边装，而且越走越快。这里有的房间有两扇门，有的房间有三扇门，有的甚至有四扇门，锁这些门可把麻子连长忙坏了，不一会儿，小派就把他落到了后面。

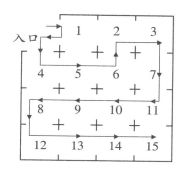

麻子连长在后面喊："你慢点儿，等等我。"

前面忽然传来砰的一声响，麻子连长连忙跑到 15 号房间，一看，狼不见了。忽然，麻子连长感觉有什么东西搭在他的肩上，一回头，只见一张血盆大口向他咬来。

"我的妈呀！"麻子连长两腿一软，眼前直冒金星，晕倒在地上。

"哈哈，勇敢善战、足智多谋的麻子连长，被一只死狼吓晕了。"小派从麻子连长腰上摘下房门的钥匙，拖着死狼回去了。

智叟国王看见小派拖着死狼走了过来，忙问："麻子连长呢？"

小派调侃道："躺在狼房里睡着了。"

"这……"智叟国王脸色陡变。

知识点 解析

逻辑推理

在解决数学题时，除了演算，还要进行推理。先假设某种情况是正确的，并利用条件进行推理，如果推出已知条件与假设条件矛盾，说明假设不对，从而确定假设的反面是对的。

故事中，二休以1号门和3号门上所写信息作为突破口，"非此即彼"，从而判断2号门上所写信息为假，接着一步一步推理，最后得出正确结论。

考考你

智叟国王、麻子连长、小派三人参加数学测验，结果有一人没有及格。

小派说：是智叟国王。

麻子连长说：小派在说谎。

智叟国王说：肯定不是我。

如果这三句话中只有一句是真的，那么是谁没有及格呢？

智斗麻子连长

智叟国王叫士兵把吓晕的麻子连长抬了出来，又是凉水喷头，又是掐人中穴，折腾了好一阵子，麻子连长才醒过来。

"让一只死狼吓成这样，你可真没出息！"智叟国王自觉脸上无光。不过他眼珠一转，又想出一个鬼主意。

智叟国王对麻子连长说："听说你缺少一名机灵能干的传令兵，小派聪明能干，就给你当个传令兵吧！"

麻子连长心想，这可是个报仇的大好机会，就爽快地答应了。

小派到了连队，发现士兵们都非常憎恨这个麻子连长。他爱财如命，不但克扣士兵的饷钱，还变着法子不叫士兵吃饱，自己好从伙食费中再捞一笔钱。

有一次，麻子连长对老炊事员说："你怎么搞的？做饭太费白面了！从今天起，我每月只发给你定量的白面。你做主食时，里面放玉米面，外面裹一层白面，这样外表看着好看。如果白面用没了，就让士兵挨饿，不过，士兵们可饶不了你这个老头儿！"

老炊事员可犯了愁：过去每顿饭只发给士兵四个白面和玉米面混合做成的大饼，大家都嚷嚷吃不饱。现在只给这么一点儿白面，还要做到外白内黄，可怎么办？

小派看到老炊事员一阵阵发愁，问道："爷爷，什么事把您愁成这样？"

老炊事员就把麻子连长出的坏主意说了一遍。

小派笑着说："这件事好办。麻子连长不是没有限制玉米面的用量吗？您今后不要做大饼了，改做玉米面圆馒头，外面再裹上一层白面。馒头做得越圆越好，外面裹的白面越薄越好。以后我帮您做吧。"

从此，每个士兵每顿饭都可以领到一个外白里黄的大圆馒头。士兵们都说圆馒头的量可比大饼足多了，比过去吃得饱。

一个月下来，白面一点儿没多用，士兵们还个个都胖了。麻子连长月底一算账，大吃一惊。白面倒是省了些，玉米面却多用了上千斤，伙食费不但没有省下，反而多花了不少钱。

麻子连长气势汹汹地找到老炊事员，大喊大叫："你怎么搞的？多用了这么多玉米面！"

老炊事员双手一摊，说："你只让我少用白面，并没有说用多少玉米面呀！"麻子连长无言对答，只好自认倒霉。

士兵们知道做圆馒头的主意是小派出的，就纷纷来找小派，叫他讲讲做圆馒头的道理。

小派说："我先来考你们一个问题。用一块铁皮，做成一个带盖的容器，你们说做成什么形状的能装水最多？"士兵们有说方形的，有说圆筒形的，七嘴八舌，众说不一。

小派摇摇头说："都不对，数学书上说，应该是圆球形的。麻子连长不让多用白面，玉米面外面还要裹一层白面。如果做圆馒头，白面的数量不增加，包在里面的玉米面可不少啊！"士兵们听了哈哈大笑，称赞小派的数学没白学。

世上没有不透风的墙。小派出主意做圆馒头的事，传到了麻子连长的耳朵里。麻子连长气得咬牙切齿，发誓要惩治一下小派。

一天中午，小派正帮炊事员做午饭。麻子连长提着一个空酒瓶子来了，他对小派说："喂，传令兵，给我买点儿酒去！"

"买多少？"小派真不想给他买。麻子连长龇牙一笑，说："听说你的数学很好，今天就叫你算算我要买多少两酒。我要买的酒的重量等于它本身重量的 $\frac{2}{5}$ 与一斤的 $\frac{2}{5}$ 的 $\frac{2}{5}$

的和。去买吧！多买一两少买一两我都不饶你！”说完，恶狠狠地瞪了小派一眼，扭头走了。士兵们都替小派捏一把汗，可小派满不在乎，拿着酒瓶子打酒去了。

没过一会儿，就听小派喊："连长，连长，酒买回来啦！”麻子连长听了一愣：他怎么算得这么快，不是蒙我吧？于是铁着脸问："你给我打了几斤酒哇？”

小派笑嘻嘻地说："连长哪有那么大的酒量？你只叫我买二两酒嘛。”

"什么？二两酒！”麻子连长发火了，"是不是你半路上偷着喝了？”

小派点点头说："是的，我确实喝了一大口。"

麻子连长一跺脚，说："你好大胆，敢偷喝我的酒！来人，把小派给我捆起来！"

"慢，慢！"小派摆了摆手，说，"我买酒、喝酒都是按连长的要求做的。不信我给你算算，如果有半点儿差错，我任你处置。"

麻子连长右手一挥，说："你快算！"

小派边说边算："你要买的酒的重量等于它本身重量的 $\frac{2}{5}$ 与一斤的 $\frac{2}{5}$ 的 $\frac{2}{5}$ 的和。一斤的 $\frac{2}{5}$ 的 $\frac{2}{5}$，就是 $\frac{2}{5} \times \frac{2}{5} = \frac{4}{25}$（斤）。这 $\frac{4}{25}$ 斤酒恰好等于你要买的酒重量的 $1 - \frac{2}{5} = \frac{3}{5}$。由此可以算出，你要买的酒是 $\frac{4}{25} \div \frac{3}{5} = \frac{4}{15}$（斤），差不多是二两七钱酒。列个式子就是：$1 \times \frac{2}{5} \times \frac{2}{5} \div (1 - \frac{2}{5}) = \frac{4}{15}$（斤）。"

麻子连长追问："你应该买回二两七钱酒，为什么只给我买了二两呢？为什么偷喝我七钱酒？"

"不喝不成啊！"小派不慌不忙地说，"你跟我说过，要买的酒最小单位是两，要买整两的酒。现在是二两七钱，再买三钱凑成三两吧，我又没钱；拿回二两七钱酒吧，又怕不合你的要求。我只好叫卖酒的给酒瓶子里装进二两，剩下的七钱酒我硬着头皮喝了，可真辣呀！"小派的一番话，逗得围观的士兵们哈哈大笑。

"笑什么！"麻子连长气得脸上一阵红一阵白的，"这次你喝了我七钱酒，将来我要抽你七鞭子！"说完这句狠话，他提着酒瓶走了。

小派冲着麻子连长的背影做了个鬼脸："哼，将来还说不定谁抽谁呢！"

入敌营巧侦察

一天清早，小派被震耳欲聋的枪炮声惊醒。"怎么回事？"小派披着衣服探头一看，可不得了，敌人包围了连队！

战斗十分激烈，从清早一直打到中午，敌人终于被打退了。

麻子连长说："敌人这手偷袭还挺厉害。哼，不过没那么容易，我大麻子也不是好惹的！"

一排长说："连长，敌人四面进攻，来者不善哪！是不是派个得力的士兵去侦察一下？"

"你说得对！不过派谁去呢？"麻子连长低头想了想，说，"有了，我看派小派去侦察最合适！"

一排长面有难色地说："小派倒是很聪明，可是，他毕竟是个孩子，侦察工作特别危险哪！"

麻子连长眼睛一瞪，说："人小，个小，目标小，更便于侦察，就这么决定了。小派！小派！"

"唉，我在这儿。"小派背着枪往这边跑来。

麻子连长颐指气使地命令："我派你在半小时内，把四面敌人的兵力部署、火力情况给我侦察清楚。如果到时侦察不出来，我要按贻误军机来惩治你。"

老炊事员忙跑来说情："要在半小时内把四周的敌情都侦察清楚，谁能办得到？就是跑一遍，时间也不够哇！"

麻子连长哼了一声："服从命令是军人的天职，你不用啰唆了！"

"爷爷，我能完成任务。您放心吧！"小派说完，一溜小跑就钻进了树林里。

小派前几天常到这一带玩，对这一带地形非常熟悉，三转两转就跑到了敌人的营地。他趴在草丛中偷偷地观察，看到敌人正在吃午饭，这里一堆，那里一堆，人还真不少。

怎么办？小派脑子里飞快地思索着下一步对策：应该抓一个"舌头"。对，只有捉住一名俘虏，才能在短时间内了解到敌人四个方面的情况。

小派正琢磨着，只见一名腰里挂着一把号的矮胖士兵正打着饱嗝向他走来。小派一动不动地趴在地上，等胖子走到眼前，一拉胖子的腿，胖子扑通一声倒地。小派立即翻身骑到胖子的身上，把枪口对准他的脑袋。

小派问："你是干什么的？你们的兵力是怎样部署的？火力是如何配备的？快说！"

胖子吓出一个饱嗝，说："我是个号兵，除了吹号，我什么也不知道。"

小派不由分说地把胖子号兵押回营地。

麻子连长问："小派，敌人的兵力是怎样部署的？"

小派用枪一顶号兵的后腰："快讲！"

号兵颤抖着说："昨天我听我们团长说，用全团 $\frac{1}{2}$ 的兵力从正面进攻，$\frac{1}{4}$ 的兵力从后面进攻，$\frac{1}{6}$ 的兵力从左边进攻，$\frac{1}{12}$ 的兵力从右边进攻。"

麻子连长大声吼叫："我要的是具体有多少人！你跟我讲这么多几分之一有什么用！"

一排长说："根据他说的数字，我们可以算出敌人的总数。"

麻子连长问："谁会算？"

士兵们你看看我，我看看你，大眼瞪小眼，谁也不会算。麻子连长刚要发火，小派说："我来算。"

"首先我得算算，这四个分数之和等于不等于 1，咱们别叫这个胖子给骗啦！"说着，小派在地上列出了算式：

$$\frac{1}{2} + \frac{1}{4} + \frac{1}{6} + \frac{1}{12} = \frac{6+3+2+1}{12} = 1$$

小派点点头说："合起来正好得 1。喂，号兵，你们团有多少人？"

号兵摇摇头说："一团有多少人我可不清楚。我只知道，一团有三个营，一营有三个连，一连有三个排，一排有三个班，我们班有 12 个人。"

麻子连长摇摇头说："这个胖子是个大傻瓜！"

"傻瓜才说实话呀！我来算算他们团的人数。"小派又在地上写了起来：

$$12 \times 3 \times 3 \times 3 \times 3 = 972（人）$$

小派说："他们团有 972 人。"

麻子连长点点头说："嗯，一个团也就千把人。再算算各面都有多少士兵。"

小派很快算出四个答数：

$$972 \times \frac{1}{2} = 486（人）$$

$$972 \times \frac{1}{4} = 243（人）$$

$$972 \times \frac{1}{6} = 162（人）$$

$$972 \times \frac{1}{12} = 81（人）$$

小派说："正面有 486 人，后面有 243 人，左边有 162 人，右边有 81 人。"

麻子连长听完，脑袋上直冒汗。他喃喃自语："我这个连总共还不足 100 人，敌人的兵力是我们的 10 倍，而且把我们四面包围起来，这可怎么办？小派！"他的声音高了起来，"限你 10 分钟内把火力情况搞清楚，不然我还是饶不了你！"

"哼！"小派二话没说，押着号兵走了。等走到一个僻静地方，小派小声对号兵说："你能告诉我，你们每连有几门炮、几挺机枪吗？"

"这……我可不敢说，团长说过，谁把大炮、机枪数泄露出去，就把谁枪毙！"号兵显得非常害怕。

小派眼珠一转，说："这样吧，我不让你直接说出枪炮数，你只要给我算个数就成。你要是算对了，我让炊事员爷爷给你煮三个鸡蛋。"

号兵听说有三个鸡蛋，痛快地答应了。

小派问："你把每连的炮数乘100，再减100，然后加上每连的机枪数，再减去11，得数是多少？"

号兵在地上比画了半天才说："得414。"

小派爽快地说："你在这儿等着，我给你拿鸡蛋去。"

"好，你挑三个大点儿的鸡蛋哪！"胖子号兵的口水都快流出来了。

小派跑到连部，告诉麻子连长："那个号兵算得的答数是414，他们每连有大炮5门、机枪25挺。"

麻子连长弄不清小派说的是什么意思："什么得数是414？哪儿的大炮5门、机枪25挺？"

小派把胖子号兵算题的事说了一遍。

一排长问："他算出来的答数是414，你怎么知道每连有5门大炮、25挺机枪呢？"

"这是我故意搞的障眼法。"小派解释说，"我估计每连的炮数不会超过10门，一般是个位数。把这个个位数乘100，原来的个位数就变成百位数了，比如有5门炮，

5×100=500，这个 5 就跑到百位上去了，再减去 100 呢，就变成 400，它比原来的 5 少 1。加上机枪数 25，再减去 11，得数是 414，你把这个得数加上 111，就得 525 了，我由得数可以立即知道炮有 5 门、机枪有 25 挺。"

一排长又问："不减 100、不减 11，不是更简单吗？"

小派摇摇头说："那样得数直接得 525，胖子会对这个答数产生怀疑的。"

麻子连长一听敌人配备了这么强大的火力，吓得一屁股坐在了椅子上。

外面响起枪炮声，敌人又开始冲锋了。突然，麻子连长双手捂着肚子，躺在地上直打滚。这是怎么啦？

知识点 解析

分数应用题

故事中所涉及的数学知识点是分数的相关知识——求一个数的几分之几是多少。解决这类问题，先要准确地确定单位"1"的量，然后再确定题目类型：单位"1"的量×分率＝分率对应量，分率对应量÷分率＝单位"1"的量，分率对应量÷单位"1"的量＝分率。故事中已知一个团总人数为 972 人，要分别求出它的 $\frac{1}{2}$、$\frac{1}{4}$、$\frac{1}{6}$、$\frac{1}{12}$，可以用乘法解决。

考考你

一条长 1200 米的公路需要铺水泥，由 A、B、C、D 四个工程小队共同完成。已知 A 小队完成了总工程量的 $\frac{5}{12}$，B 小队完成了总工程量的 $\frac{1}{3}$，C 小队完成的是 A 小队的 $\frac{1}{5}$，D 小队完成的是 B 小队的 $\frac{1}{2}$。这四个小队分别铺了多少米的水泥路？

冲出包围圈

连队被包围了，麻子连长捂着肚子说："我肚子痛，不能带你们冲出重围了，你们各自逃命吧！"说完又捂着肚子"哎哟、哎哟"地叫喊起来。

几位排长临时开了个会，大家一致推举小派领着全连突围。真是"初生牛犊不怕虎"啊！小派见局势危急，二话没说就答应了。小派首先查点了一下全连人数，包括刚才那名胖子号兵，共有99名士兵。小派派4名士兵去正面，4名士兵去后面，2名士兵带着胖子号兵去右边，自己则带着88名士兵向左边突击，和敌人交上了火。左边有敌兵162人，兵力几乎是他们的2倍，战斗十分艰苦。

敌军团长发现小派要带兵从左边突围，立刻下达命令，让前、后、右三路军队立即发起进攻，企图来个铁壁合围。没料到前、后的两支部队往上一冲，就踩响了地雷。原来小派向前、后两面各派4名士兵，是去埋地雷的。

敌人连连挨炸，就不敢往前冲了。这时又响起了紧急集合的号声，右边的81名敌人听到胖子号兵吹起的紧急集合号，立即向吹号地点跑去，右边就露出了空当。小派带着士兵向左边的敌人狠打了一阵枪，把左边的敌人压得抬不起头来后，他趁机带着全体士兵掉头向右边空当冲去。经过连部时，小派看见麻子连长还在那里，就大喊一声："连长，快跟我往右边冲！"可是麻子连长还想装病。这时，四面枪炮声越来越急，麻子连长吓得连路都没法走了，几名士兵架起麻子连长就往右边跑去。

小派又指挥士兵把36个地雷埋在连部周围，最后撤离营地。由于小派叫胖子号兵把右边的敌人都引到一片树林里了，全连士兵没有遇到抵抗，顺利地冲了出来。

麻子连长见队伍已经突围了，马上说："我的肚子已经不痛了，小派，你不用再指挥了，还是由我来吧！"可是士兵们不干了，他们说小派聪明，有战术，要求小派继续指挥。

麻子连长可气坏了，他拔出手枪，把帽子往后一推，说："好啊！这就不听我指挥了。我是智叟国王派来的连长，谁敢不听，我就枪毙了谁！再说，我并不比小派笨，不信，我和他比试比试。"

小派一看这情形，知道不比是没法收拾局面了，就对麻子连长说："咱俩一人出一道题考对方，你先出题考我吧！"

麻子连长绞尽脑汁想题，忽然一拍大腿，说："有啦！记得小时候奶奶给我出过一道算术题，直到现在我也不会做，看你会不会做。听好啦！从前，有一座庙，庙里有100个和尚，每次做饭都只做100个馒头。庙里规定，大和尚每人吃5个馒头，中和尚每人吃3个馒头，小和尚3人吃1个馒头。这样一分，馒头一个不多一个不少。问问你，庙里有多少个大和尚，多少个中和尚，还有多少个小和尚？"

麻子连长刚说完，小派就扑哧笑出了声。他说："难怪是你奶奶出的题，这题都老掉牙啦！"

"不管老不老，你就说会不会做吧。"

"当然会啰。"小派在地上边写边说，"根据你说的条件，我可以列出两个等式：

$$大 + 中 + 小 = 100$$

$$5\,大 + 3\,中 + \frac{1}{3}\,小 = 100$$

第一个等式的意思是，大、中、小和尚的总数是100人；第二个等式的意思是，大和尚吃的馒头总数，加上中和尚吃的馒头总数，再加上小和尚吃的馒头总数，一共是100个馒头。"

麻子连长问："列出两个等式管什么用？"

小派说："小和尚人数是 3 的倍数，比如有 84 个小和尚，我就能算出小和尚吃了 28 个馒头。100 减去 28 得 72，将 72 分成两个数，一个能被 5 整除，一个能被 3 整除，72 可分成 60 和 12，所以大和尚有 12 人，中和尚有 4 人。"

麻子连长点点头说："我奶奶说的也是这三个数。"

小派说："其实不止这一组答案：还有一组是大和尚 4 人、中和尚 18 人、小和尚 78 人；第三组是大和尚 8 人、中和尚 11 人、小和尚 81 人。"

小派解答完毕，说："该我出题考你啦！这是老炊事员爷爷给我出的题：

蜗牛爬墙走，

日升六尺六，

夜降三尺三，

墙高一丈九，

几日到顶头？"

　　麻子连长算了半天也没算出个结果。老炊事员在一旁憋不住了，就说："日升六尺六，夜降三尺三，那蜗牛一昼夜往上爬了三尺三，四天就爬高了 $3.3 \times 4 = 13.2$（尺），离顶端还有 $19 - 13.2 = 5.8$（尺）。因为蜗牛白天能爬 6.6 尺，所以它在第五天的白天里，完全可以爬到墙顶。我这是给娃娃出的题，你这个大连长硬是不会算，哈哈……"

　　麻子连长被老炊事员说得脸上有些挂不住了，他刚要发火，忽然又双手捂住肚子倒在地上。噢，原来后面传来了枪声，敌人又追上来了。

发起反攻

正当小派和麻子连长互相考智力的时候，敌人的大队追兵赶来了。麻子连长一看情况不好，又假装肚子痛。可他这一招儿早已是"狼来了"，没人信啦。

小派临危受命，站在高地上说："一排长带着全连$\frac{1}{9}$的士兵向前冲，二排长带同样多的士兵向左撤，三排长也带这么多士兵向右撤，其余的士兵埋伏在树林里。"

麻子连长偷偷问一名士兵："这$\frac{1}{9}$的士兵有多少人？"士兵小声回答："全连99人，全连的$\frac{1}{9}$就是11人呗。"麻子连长点点头，心想：小派派出去33人，自己留66人，他是耗子拉木锨——大头在后头，我看看他到底要干什么。想到这儿，麻子连长也跟着小派藏到了树林里。

敌人追上来了。一名敌军士兵向他的团长报告说："敌方的部队分三个方向败逃。"

敌军团长命令道："一营向左追，二营向右追，三营往前追。我带着警卫连在这儿设立团部。"三个营长立即领命而去。警卫连算上连长一共也就20个人，留了下来。

等敌人的三支部队走远了，小派一挥手，埋伏在树林里的士兵一齐杀了出来。小派带着66人，人数上占优势，敌军警卫连被打得争相逃命。

敌军团长大声叫喊："快叫号兵吹紧急集合号，把三个营的军队叫回来解围！"

警卫连长说："咱们的号兵不是叫人家活捉了吗？"

敌军团长又大声叫道："那就快打信号弹！"

砰砰砰，三颗红色信号弹升空，这是万分紧急的信号。三个营的士兵见到信号弹，立刻掉头往回跑。

小派一挥手，说了声："撤！"大家向营部所在地撤去。他们到达营部时，先撤走的33名士兵早已安全到达了。

营长亲自迎接大家，夸奖这场仗打得漂亮，撤退及时。听到营长表扬，麻子连长可来劲了。他挺着脖子说："营长，你看这场战斗我指挥得不错吧？"

营长笑着说："人家都说你大麻子有勇无谋，可是这次你怎么有勇有谋啦？"

"这个……"麻子连长麻脸一红，说，"我变得越来越聪明了！嘿！嘿！"接着又干笑了几声。

麻子连长的这番表演使士兵们都气坏了，老炊事员更是气不打一处来。他一看小派还是乐呵呵的，气可就更大了。他小声对小派说："听大麻子胡说八道，你就一点儿也不生气？"

小派笑着说："生气？生气有什么用？"

"那你说怎么办？"

"事实总是事实，笨蛋也不能一夜之间变成个聪明人嘛！"说着，小派眨了眨眼睛。

"笨蛋变不成聪明人。"老炊事员仔细琢磨小派这句话的含意。忽然，他若有所悟："有了，我要让这个'聪明'的大麻子现原形！"

老炊事员走上前说："连长，这次战斗是你一手指挥的吗？"

麻子连长草稿也不打就说："那还用说？从战斗一打响，我就冲在最前面，所有的战斗都是我指挥的。"

老炊事员紧逼着问："那你说说，咱们一共俘虏了多少敌人哪？"

"俘虏的人数嘛……"麻子连长马上卡壳了，话锋一转，"战斗进行得那么紧张,谁还顾得上数捉住了几名俘虏呀！"

"我就知道捉了几名俘虏。"大家回头一看，是小派在说话。

麻子连长眼睛一瞪："你说是几名？"

小派笑嘻嘻地说："连长，你听着：这个数加这个数，这个数减这个数，这个数乘这个数，这个数除这个数，四

个得数相加的和正好等于100。我说聪明的连长，你应该能猜到这个数吧。"

士兵们知道麻子连长最怕算术，大家异口同声地说："对！连长越活越聪明，这个数一定能算出来。快算吧，哈哈……"

在士兵们的哄笑声中，麻子连长脑袋有点发晕，他张着嘴，半天说不出话来。忽然，麻子连长灵机一动，他伸手捅了捅身旁的一名年轻士兵，小声说："你帮我算算这个数是几，我将来提拔你当班长。"

年轻士兵想了想，说："我记得捉了7名俘虏。"

"好！"麻子连长来劲了，他大声说，"这个数是7，没错，是 7。"

营长说："你按小派说的验算一下，看看对不对。"

麻子连长蛮有把握地说："7 加 7 得 14，7 减 7 得 0，7 乘 7 得 49，7 除 7 得 1。四个得数加在一起就是 100 嘛。"麻子连长刚刚说完，在场的人都哈哈大笑。老炊事员擦了擦笑出来的眼泪，说："连长真是聪明过人，14 加 0，加 49，再加 1，硬是得 100。"

麻子连长不服气，他咬着牙说："就是 7 名俘虏，没错！"

小派说："把俘虏带上来。"两名士兵押着 9 名俘虏走了上来。老炊事员在一旁说："9 加 9 得 18，9 减 9 得 0，9 乘 9 得 81，9 除 9 得 1。这四个数加起来才得 100 啊！"

接着，老炊事员把麻子连长如何刁难小派，如何装肚子痛，又如何说假话，一股脑儿都告诉了营长。

麻子连长还想抵赖，可是所有的排长和班长都证明老炊事员说的是真话。

听了大家的指证，营长剑眉倒竖，厉声喝道："好个大麻子，你临阵脱逃、无病装病、欺骗上级、陷害小派，本应送你去军事法庭从严惩处，念你当连长多年，命你今后给老炊事员烧火打杂，一切听从老炊事员支配。"麻子连长自觉理亏，一个劲儿地点头说是。

突然，有人怪声怪气地说："慢！请营长手下留情！"

给麻子连长算命

大家回头一看，是智叟国王来了。他干笑了两声，说："你们不了解实情。我把小派交给麻子连长时，就密令他要考验一下小派，看看小派会不会用兵，能不能打仗。"麻子连长急忙说："这个小派果然善于用兵，巧妙对敌，是位将才！"

智叟国王点点头说："看来我的眼力不错，再经过几年培养，小派会为我们智人国征服全世界做出贡献的。麻子连长，你把小派先送回王宫，路上多加小心，如果出了问题，小心你的脑袋！"

"是！"麻子连长答应一声，押着小派向王宫方向走去。

小派在前面走，麻子连长挎着枪在后面跟着，两个人一言不发，默默地走着。

麻子连长觉得这样走实在无聊，就对小派说："小派，你会算命吗？我这个人特别相信算命。"

小派头也不回地说："我不但会算命，而且特别灵！"

　　麻子连长半信半疑："你怎么能让我相信你算得灵呢？"

　　"这个好办。"小派掉过头来说，"我曾暗地里给你算过一次命，发现你和智叟国王命运相同。"

　　"真的？"麻子连长十分兴奋地说，"智叟是国王，我大麻子将来也能当国王？"

　　"不信，你自己算一算呀！"小派一本正经地说，"你把你出生的年份加上当连长的年份，再加上你现在的年龄，再加上你当连长的年数，看看等于多少。"

　　麻子连长蹲在地上边说边写："我 1966 年出生，1988 年当上的连长，我今年 24 岁，当了 2 年连长，把它们加起来：

$$
\begin{array}{r}
1\ 9\ 6\ 6 \\
1\ 9\ 8\ 8 \\
2\ 4 \\
+\quad\quad 2 \\
\hline
3\ 9\ 8\ 0
\end{array}
$$

得 3980。"

　　小派说："你再把智叟国王出生的年份加上当国王的年份，再加上他现在的年龄，再加上他当国王的年数，算算等于多少。"

麻子连长接着算，他说："智叟国王 1924 年出生，1958 年当上国王的，他今年 66 岁，当了 32 年国王，把它们加起来：

$$
\begin{array}{r}
1\,9\,2\,4\\
1\,9\,5\,8\\
6\,6\\
+3\,2\\
\hline
3\,9\,8\,0
\end{array}
$$

嘿，也得 3980！看来你小派还真有两下子！"

麻子连长见前面有个小酒馆，就高兴地拍着小派的肩膀说："走，进去喝两杯，我请客！"

"我不会喝酒。"小派摇摇头。

"陪我划几拳！"麻子连长见了酒就抬不动腿。

"我不会划拳。"小派又摇摇头。

"你不会可不成，你不喝我可就硬灌你啦！"麻子连长开始要赖。

小派稍一琢磨，觉得这是一个逃走的好机会，可以先把麻子连长灌醉了再说。于是，他对麻子连长说："咱俩玩游戏吧，谁输了谁喝酒，你看怎么样？"

"玩游戏？好主意！我大麻子可不是傻瓜，想赢我，没那么容易！"麻子连长拉着小派走进了小酒馆，向掌柜

的要了两斤白酒，给自己和小派各倒了一杯。

小派要来一盘花生米，他两手各握紧几颗花生米，然后问："连长，你猜我哪只手里的花生米是双数？"

麻子连长琢磨了一会儿，指着小派的右手说："这只手里是双数。"小派张开右手，里面有 3 颗花生，不对。麻子连长输了，他端起酒杯，一仰脖喝个精光。

麻子连长一连猜了三次都错了，连喝了三杯。他心里纳闷：我怎么会每次都猜错呢？他哪里知道，小派每次两只手里拿的花生米都是单数，所以麻子连长永远也猜不对。

麻子连长不信邪："这次，咱俩换一下。我用双手抓花生米，你来猜。"他迅速抓了一把花生米，握紧双手叫小派猜。

小派摇摇头说："你两只手拿的花生米都是双数吧？"

"不，我左手拿的是 5 颗花生米，右手拿的是 4 颗花生米，怎么会都是双数呢？"麻子连长极力申辩。

小派笑着说："这么说，你右手拿的是双数喽！喝酒吧，麻子连长。"

"咳！我真笨，怎么自己说出来啦！"麻子连长说完又灌进了一杯酒。两斤白酒让麻子连长喝了一大半。

趁着酒兴，麻子连长双手各抓了几颗花生米，说："我保证这次一手是双数，一手是单数，你猜吧！猜错了，可就该你喝酒啦！"

"我要检验你说的是不是真话。"小派想了一下，说，"把你左手的花生数乘以 2，再加上右手的花生数，得数是多少？"

麻子连长算了一会儿，说："得 31。"

小派立刻指出他右手里的是单数。第二次得数是 10，小派又猜对了他左手里的是双数。就这样，不知不觉两斤白酒都被麻子连长喝进了肚子里。

小派提起酒壶说："连长，酒喝光啦，我再去买点酒，我请客！"

"你请客，我就喝。"麻子连长说完，趴在桌子上睡着了。

傍晚，小酒馆该关门了，店掌柜叫醒了麻子连长。麻子连长一看小派不见了，吓出了一身冷汗，酒钱也忘了付，撒腿就朝王宫方向跑去。

密林追踪

麻子连长急匆匆地去见智叟国王，报告了小派中途逃跑的消息。

智叟国王闻到麻子连长满嘴的酒气，生气地说："几斤酒灌进肚子里，别说是小派，死人也能叫你看跑啦！"他赶紧命令士兵带二休一起去捉拿小派。

麻子连长不解："追小派，带着二休干什么？"

智叟国王狠狠地瞪了麻子连长一眼，说："捉拿小派，要用二休做诱饵。你除了喝酒，还知道什么！"麻子连长吓得一缩脖子，赶紧躲到一边去了。

再说小派，他离开了小酒馆，心中暗自高兴，心想：智叟国王一准儿会来追我，我钻进前面的密林里去，看他怎么找！想到这儿，小派加快脚步向密林深处走去。

小派找了个有利位置藏起来。不一会儿，林子外面传来了一阵吆喝声，小派向外一看，是二休被智叟国王和士兵们用枪押着，向树林方向走来，小派赶紧爬到了一棵大树上。

智叟国王高声叫道："小派，你快点出来！不然的话，我就把二休枪毙了！"

智叟国王押着二休走到了小派所在的树底下，趁智叟国王不注意，小派从树上扔给二休一个小纸团，二休假装提鞋，把纸团拾起来看了一眼。

智叟国王问二休："你是不是知道小派逃到哪儿去了？"

二休考虑了一下，反问："如果我告诉你小派藏在哪儿，你能放我回国吗？"

智叟国王说："一定放你回国，我说话算数。"

二休把纸条交给了智叟国王，说："刚才我捡到一张纸条。"

智叟国王接过纸条一看，原来是封图画信。

智叟国王看了半天没看出个所以然，又把纸条递回给二休，说："你来念念！"

二休装着看不懂，慢慢念着：

二休，我的好朋友：

我逃出去了，藏在树林的洞穴里，位置：过了大槐树走▽ꝺ♠⋈步就是洞穴。

小派

二休问："▽ꝺ♠⋈是什么符号呀？"

智叟国王嘿嘿一阵冷笑，说："小派骗不了我。你看，信尾的小派不是藏着半边脸吗？我把这4个符号各捂上左半边就全清楚了。"

麻子连长用左手捂住每个符号的左半边，顿有所悟："噢，这4个符号的一半就是7、5、2、3呀！也就是7523步！可真够绝的！"

智叟国王用枪捅了一下二休，说："这棵树就是大槐树，你在前面带路，我跟你走上7523步，看看有没有个秘密洞穴。"

二休一副无可奈何的样子，在前面慢慢地走。走出1000多步后，二休越走越快，智叟国王渐渐跟不上了，不一会儿，智叟国王就被落下好远。等数到7523步，智叟国王一看，哪里有什么洞穴呀！再一找，二休也不见了。

麻子连长挠了挠脑袋，问："陛下，小派写的纸条会不会是骗咱们的？"

"不会。"智叟国王肯定地说，"小派要骗人，不单单骗了我，连二休也骗了。"

智叟国王又拿出纸条反复地琢磨。忽然，他惊呼："我明白了。这上面有一正一反两个箭头，应该是向前走7523步，再往回走3257步才对呀！我们快往回走吧！"

他们往回走了1000步，看见两个小孩——一个白脸、一个黑脸，他们俩每人端着一碗饭，饭碗上还写着号码，两人坐在大树下一粒一粒地吃着碗里的米饭。

麻子连长问他们："你们看见一个日本少年从这儿过去了吗？"

黑脸小孩有气无力地说："我们俩有个难题，如果你能帮我们解决，我就告诉你。"说完又往嘴里放了一粒米饭。

"有什么难题，快说！"麻子连长挺着急。

黑脸孩子慢吞吞地说："我们俩是童工，老板嫌我们俩吃饭太多、太快，今天早饭，他给我们俩每人一碗饭，说谁最后吃完自己碗里的饭，就奖给谁100元，最先吃完的就开除掉。"

白脸小孩眼泪汪汪地说："我们俩都饿得要命，可是谁也不敢吃快一点。"

麻子连长摇摇头说："我可没办法！"

　　智叟国王干笑了两声，说："这事儿好办。你们俩把手里的饭碗交换一下不就成了吗？"

　　两个小孩眼珠一转，忽然从地上蹦了起来，高兴地说："好主意！"他们交换了一下饭碗，然后张开嘴飞快地吃起来，一眨眼两人同时把饭吃完了。

　　麻子连长莫名其妙，他问："为什么把碗交换一下，你们俩就拼命吃了？"

　　白脸小孩抹了一下嘴，高兴地说："别忘了，我吃的是他碗里的饭。我赶快把他碗里的饭吃完，我碗里的饭不就是最后吃完吗？"

　　黑脸小孩往后一指，说："刚才是有个日本小和尚从这儿过去，你们快追还能追上！"

　　智叟国王和麻子连长又追了2257步，他们发现一棵大树后面果然有个洞穴。

　　智叟国王命令麻子连长进洞看看。麻子连长深知小派的厉害，他右手握着手枪，哆哆嗦嗦地往洞里走，一边走，一边大声喊："小派、二休，你们快出来！我已经看到你们藏在哪儿啦！不出来，我可要开枪啦！"

　　没过一会儿，只听洞里"哎哟"一声，麻子连长在里面大喊："救命！"智叟国王急忙召来卫兵把洞口团团围住。

　　智叟国王向洞里喊道："小派、二休，你们快点儿出来，我保证你们的人身安全。限你们三分钟内作出答复！"

　　这时洞里响起了一阵脚步声，脚步声越来越近，只见小派拿着麻子连长的手枪，二休拿着棍子，二人押着麻子连长朝洞口走来。

聪明人饭店

到了洞口，小派对智叟国王说："叫你的卫兵给我让出一条道，让麻子连长陪我们俩走一段路，我一定不伤害麻子连长。"

智叟国王依言而行，小派和二休押着麻子连长，直向密林深处走去。他们走了很长一段路后，断定后面确实没有人跟踪，才把麻子连长放了。

小派把手枪插到腰带里，笑着对二休说："咱俩终于逃出来啦。"

二休向小派深鞠一躬，用中国话清楚地说道："多谢你给我扔纸团，是那个纸团救了我。"

小派一惊，忙问："你会说中国话？"

"我的邻居是一位中国侨民，我从小跟他们学中文，会说几句中国话，可是讲得不好，不好意思跟你对话。"说着，二休笑了。

小派拍着二休的肩膀说："讲得蛮不错嘛！这下可好了，咱俩就不用借写字来'谈话'了。走，去找点儿东西

吃。"两个人又继续往前走。

前面有个小饭店,门口摆着许多烤得两面发黄的大饼,香味扑鼻,馋得两个人直咽口水。小派一摸口袋,口袋里一分钱都没有,他再一抬头,看见招牌上写着:"聪明人饭店"。

小派好奇地问店掌柜:"你这家店为什么叫'聪明人饭店'呢?"

店掌柜笑着说:"我这个饭店是专门为聪明人开的。聪明人在我这儿吃饭,不要钱。"

小派一听说聪明人吃饭不要钱,十分高兴:"你怎么知道谁聪明、谁笨呢?"

"这个好办。"店掌柜指着墙上贴的一张纸说，"我这个饭店规定：谁能出题把我难倒，可以白吃我的2个大饼；如果难不倒我，吃1个大饼要付3个大饼的钱。"

"好吧，我先来出一道题。"小派按了按饿得咕咕直叫的肚子，说，"有一次我站在100米高的楼顶，双手抱着一个熟透了的大西瓜。后来，西瓜下落了100米，可是我一看，嘿，西瓜一点儿也没坏。你说这是怎么回事？"

"这个……"店掌柜的眼珠转了好几个圈，"也许下面有人接住了西瓜，也许西瓜掉在了一大堆棉花上。"

小派摇摇头说："都不是。当时只有我一个人，地上也没有棉花，是硬邦邦的水泥地。"

店掌柜用手挠了挠脑袋，说："这可奇怪了，下落了100米硬是没有摔碎？我真想不出来了。"

小派笑了笑，做个抱西瓜的样子，说："是我把西瓜从100米高的楼顶上抱到了地面，西瓜当然一点儿也没坏喽！"

店掌柜眨巴着眼睛，还是没听懂。小派解释说："原来我是站在100米高的楼顶上，抱着一个大西瓜。我身高1.6米，西瓜离地面差不多有100米。后来我抱着西瓜下了楼，西瓜下落了100米，可是西瓜没沾地呀！它还在我的怀里，离地约有1米。"

"说得好！"店掌柜拿出两个大饼，给小派和二休每人一个。两个人都饿极了，三口两口就吞了下去。小派冲着二休摸了摸肚子，二休明白小派没吃饱。

二休说："我也来出道题吧。有一次我乘公共汽车，快到终点站了，两位售票员站起来查票，可是车上只有一半人出示了车票，而售票员对另一半人不闻不问。你说这是怎么回事？"

店掌柜想了想，说："可能那一半是小孩，不用买票，要不就他们是售票员的老熟人，也有可能是他们车队的头头儿们。"

二休摇摇头说："都不是。"

"都不是？"店掌柜有点莫名其妙了，他最后摇摇头，表示不会答。

二休笑着说："车上只有 3 名乘客出示了车票，另外 3 个人分别是 1 名司机、2 名售票员，这 3 个人当然不用出示车票啦！"

"原来是这样！"店掌柜恍然大悟。

二休指了指炉子上的大饼，问："那……大饼呢？"

"给，给，每人一个。"店掌柜爽快地拿起两个大饼递给了他们俩。

店掌柜又从柜台下面拿出两个芝麻大饼，说："我也出道题，如果你们答对了，就把这两个最好吃的芝麻大饼送给你们吃。不过……如果答错了，你们要付我6个大饼的钱。"小派和二休都点头同意。

店掌柜出题说："我有一个朋友患有严重的关节炎，走路一瘸一拐，可是他总去眼科医院，这是为什么？"

小派拍了一下前额，二休敲了一下后脑勺，两人同时回答说："这个问题太简单了，你的朋友在眼科医院工作。因为去医院的不一定就是病人。"

"对极啦！他是个眼科医生，当然要到眼科医院去上班。你们俩真是少有的聪明人哪！"店掌柜把带芝麻的大饼递给他们俩，说，"吃吧！这种大饼越吃越有味。"

两个人嚼着大饼，真是越嚼越香。芝麻大饼吃完了，两人觉得头晕眼花，站立不稳，一前一后栽倒在地上。

店掌柜见两人都倒了，哈哈大笑："你们俩再聪明，也逃不出我的聪明人饭店！我来看看你们身上有多少钱。"

金条银锭藏在哪儿

小派和二休吃了聪明人饭店掺了药的大饼后都晕倒了。店掌柜去翻两人的口袋，想翻出点钱来。他先翻二休的口袋，结果一分钱都没有。店掌柜骂道："穷鬼！本来还想从你身上弄点日元。"小派身上也是一分钱都没有，不过他从小派腰里搜出一支手枪。

店掌柜用绳子把小派和二休捆了起来，再用凉水把他们喷醒，用枪指着他们说："快把钱交出来！要钱还是要命，任你们挑！"

小派慢条斯理地说："当然是要命啦！长这么大多不容易，谁愿意轻易把命丢了！"

店掌柜嘿嘿地冷笑了两声，说："要命就得交钱！你们两个穷鬼，口袋里连一分钱都没有，拿什么保命？"

小派瞟了店掌柜一眼，说："谁说我们没钱？这次我们俩走这密林中的羊肠小道，就是替一家银行护送金条和银锭的。"

"吹牛！银行经理瞎了眼，让你们两个小孩护送金条

银锭？"店掌柜满脸狐疑。

"不信？"小派一本正经地问，"刚才咱们也较量过，你说我们聪明不聪明？"

店掌柜点点头道："确实聪明。"

小派又问："我腰里带的枪可是真的？"

店掌柜把枪翻来覆去看了看，说："没错，是真枪。"

小派说："银行经理觉得这次护送的金条银锭数目巨大，叫大人护送容易引人注目。由我们两个小孩来护送，别人是想不到的，这叫出其不意。"

店掌柜一想：也对。两个小孩确实精明能干，一般大人也比不上他们。再说，如果不是护送贵重的东西，小小年纪哪儿来的手枪？

店掌柜立刻转为笑脸，关切地问："你们这次带了多少金条？多少银锭？共有多重？告诉我，我马上把你们放了。"

小派皱着眉头说："银行经理把金条银锭锁在一个铁箱子里，没告诉我们俩有多少啊！"

店掌柜走近一步，问："一点儿线索也没有？"

"线索倒是有。"小派见店掌柜上钩了，索性再吊吊他的胃口，"经理曾经说过，将 1 根金条和 1 个银锭放在一起，会多出 1 个银锭来；如果将 1 根金条和 2 个银锭放在一起，会多出 1 根金条来。"

"嗯……让我算一算，"店掌柜的眼睛里闪着兴奋的光，他自言自语地说，"可以肯定银锭比金条多 1 个，可是金条有多少根呢？"

店掌柜低头琢磨了半天："有了！你们经理说，如果将 1 根金条和 2 个银锭放在一起，会多出 1 根金条来。我假设外加 2 个银锭，这时多出的那根金条也有 2 个银锭和它放在一起，银锭数恰好是金条数的 2 倍。"他眯着眼睛问："这时银锭比金条多出几个呢？"

二休说："原来银锭就比金条多 1 个，你又假设外加 2 个银锭，这时银锭比金条就多出 3 个。"

店掌柜说："对，银锭多出 3 个就是金条的 2 倍，那么金条有 3 根，银锭有 4 个。"

小派在一旁说："其实，算这道题用不着这么麻烦。经理的第一句话是说，金条银锭的总数除 2 余 1；经理的第二句话是说，金条银锭的总数除 3 也余 1。因此，金条银锭的总数是 2 和 3 的最小公倍数加 1，也就是 $2×3+1$，共 7 个。其中有 3 根金条、4 个银锭。"

店掌柜说："不管怎么算，反正是 3 根和 4 个。"说完，他把脸一沉，用枪顶了一下小派的胸口，问："你们把这些金条和银锭藏到哪儿去了？快说实话！"

小派犹豫了一下，说："就藏在密林的一个洞穴里。你找到了那个洞穴，就大声叫'二休'，有个小孩会领你进洞。要不还是我带你去取吧！"

店掌柜心里一算计，觉得还是一个人去好，免得人多容易暴露目标。他恶狠狠地说："我要是找不到金条银锭，再回来和你们算账！"说完拿着枪急匆匆地走了。

店掌柜到了小派所说的洞穴，站在洞口扯着脖子喊："二休，二休。"没喊几声，大树后面走出一个瘦老头儿。瘦老头儿问他："你认识二休？"

"当然认识。不认识我叫他干什么！"店掌柜警惕地看了瘦老头儿一眼，接着又连声叫二休。

瘦老头儿轻轻拍了三下手，几名士兵从树后闪出，把店掌柜按倒在地上。店掌柜挣扎着想掏枪，可是枪被士兵夺走了。原来，瘦老头儿正是智叟国王，他领人埋伏在这儿，等着小派和二休在密林里找不到路时再转回来。

智叟国王审问店掌柜，叫他说出小派和二休的下落。店掌柜害怕金银被瘦老头儿抢去，硬是一声不吭。

麻子连长小声问智叟国王："这个人会不会是傻子？"

智叟国王说："那我出道题考考他。"

智叟国王对店掌柜说："昨天我去买烟斗，商店有大小两种烟斗。我给售货员一张两元钱币，售货员问我买大的还是小的。后来又来了一个买烟斗的，也递给售货员两元钱，售货员连问也不问，就给了他一个大烟斗。你说说，售货员为什么问我不问他？你若答对了，我就放了你。"

聪明人饭店的店掌柜脑子可不笨。他略微想了想，说："大烟斗的价钱一定是在一元五角钱以上。第二个买烟斗的人递给售货员的钱肯定不是一张两元的，也不会是两张一元的。而有可能是一张一元和两张五角的，这样售货员就知道他肯定是买大烟斗了。但是你给售货员的是一张两元的，售货员就必须问问你买什么烟斗。"

麻子连长点点头说："行，一点儿也不傻！"

智叟国王说："不但不傻，还挺聪明。他不说出小派和二休在哪儿，你们就给我打！"

一听说要打，店掌柜吓坏了，赶紧说了实话。智叟国王带着人火速赶往聪明人饭店捉拿小派和二休。

知识点 解析

最小公倍数

故事中，金条银锭的总数除以2余1，除以3也余1，那么，金条银锭的总数是2和3的最小公倍数加1，也就是2×3+1，共7个。

在求解"最小公倍数"这一类实际问题时，要结合具体情况分析题目所求的问题，理解和掌握解决这些常见问题的基本方法，有助于我们正确、灵活和迅速地解决与此相关的各种问题。

考考你

植树节到了，7名男生和9名女生一起植树，树苗不超过100棵。若全部由男生植，每人植树同样多，则多2棵；若全部由女生植，每人植树同样多，则也是多2棵。这些树苗一共有多少棵？

酒鬼伙计

话说两头。店掌柜走之前，叫了一个伙计拿着一根木棒看守着小派和二休。这伙计是个酒鬼，时不时从酒缸里偷偷弄出点儿酒喝。

小派和二休交换了一下眼色。二休叹了口气，说："世界上真有这样的傻瓜，好处叫别人占了去，自己还在那儿傻等着。"

伙计举起木棒，问二休："你说谁是傻瓜？"

二休解释说："我这次出来，带了好多瓶酒，还真有好酒！"

伙计听说有好酒，立刻眼睛一亮："掌柜的临走时对我说了，等他把你们的东西取回来，也分给我一份。到时候我就有好酒喝了。"

二休问："分给你多少？"

伙计掰着指头说："掌柜的说，把东西先分成 $\frac{1}{2}$、$\frac{1}{4}$ 和 $\frac{1}{6}$ 份，把其中的 $\frac{1}{2}$ 给饭店、$\frac{1}{4}$ 给他、$\frac{1}{6}$ 给我。喂，你一共带来多少瓶好酒啊？"

"我带来 11 瓶普通白酒和 1 瓶特制桂花陈酒。"二休一本正经地说，"不过，你被店掌柜骗了！"

"骗了？"伙计有点吃惊。

二休说："你给我松开绳子，我给你算算你就明白了。"

伙计说："咱们事先说好，算完了我还要把你捆上。"二休点头答应，伙计就把绳子解开了。

二休在纸上边写边说："你们店掌柜把取回来的东西分成三份，应该把东西都分完才对啊！但是 $\frac{1}{2}+\frac{1}{4}+\frac{1}{6}=\frac{11}{12}$，并不等于 1，说明店掌柜不是把得来的东西全分了，他还留了一手。"

伙计瞪大了眼睛："真的，还缺 $\frac{1}{12}$，掌柜的耍了个心眼儿。"

二休又说："更成问题的是，一共 12 瓶酒，$\frac{1}{12}$ 就是 1 瓶酒。店掌柜存心把那瓶特制桂花陈酒给自己留下，只分给你 2 瓶普通白酒。"

"没门儿！"伙计急了，他涨红了脸，说，"不成，我要找掌柜的算账去！"可伙计看看被捆着的小派，又有点犹豫。

二休从伙计手中夺过木棒，说："不要紧，我替你看着他，如果你去晚了，店掌柜在路上把桂花酒喝完了，你找着他又有什么用？"

看来，好酒的诱惑力胜过一切，伙计说了声："你受累给看会儿，我马上就回来。"说完撒腿就往外跑。

小派和二休扑哧一声都乐了。二休刚要给小派解开绳子，伙计又慌慌张张地跑了回来。

伙计问二休："如果掌柜的把桂花陈酒藏了起来，我怎么能让他说实话呢？"

"嗯……"二休想了一下，说，"你们掌柜的信神吗？"

"哎哟，我们掌柜的可迷信了。"伙计指着墙上的财神爷像说，"他每天都给财神爷烧香磕头，请神仙保佑他发大财。他对我说过，只要对神仙不说假话，要什么，神仙就会给什么。"

"我给你想个办法，可以让掌柜的说实话。"二休拿出一个小口袋，里面装有 16 个小玻璃球，其中白球 7 个，黑球 6 个，红球 3 个。二休说："既然掌柜的对你说过，只要对神仙不说假话，你要什么，神仙就会给什么，你就对掌柜的说，这 16 个小玻璃球是宝球，是神仙赐给他的。其中有 3 个红球是最值钱的，只要他说真话就能抓到它们。你让他从口袋里一次抓出 3 个球，要求 3 个都是红球。如果他能一次抓出 3 个红球，就证明他说了真话；如果抓出的 3 个球中有白球和黑球，那他肯定说了假话。"

"好主意。"伙计接过口袋，急匆匆地走了。

二休很快把小派的绳子解开，说："咱俩快跑吧！"

小派摇摇头说："不行。咱们在这儿人生地不熟，跑不了多远，还会被捉回来。"小派指指上面说："先到顶棚上躲一躲。"他写了个纸条放在桌子上，然后两人爬上顶棚藏了起来。

小派小声问："你说店掌柜能抓到那3个红球吗？"

"可能性太小了。"二休眨巴着眼睛说，"我是从一本书上看来的。书上说，16个小球中只有3个红球，当每次抓3个小球时，要抓560次才有可能一次抓到3个红球。"二人边说边往顶棚上爬。

这时，智叟国王也进屋了，他见到地上的绳子，忙问："两个小家伙呢？"

店掌柜也疑惑地向四周张望："我的伙计呢？"

"掌柜的，我在这儿。"伙计从外面跑进来，劈头就问，"你把那瓶桂花陈酒藏到哪儿去了？"

"什么桂花陈酒？"店掌柜被问得直发愣。

伙计生气地说："我知道你不会说真话。这样吧，我这口袋里有7个白球、6个黑球和3个红球。只要你说真话，财神爷会赐给你3个红球。那可是3个红宝球啊！你如果能一次抓出3个红球，就证明你说了真话，没藏桂花陈酒；假如你抓不出来，就证明你说了假话，把酒藏起来了。"

店掌柜先向神做了祈祷，然后从口袋里抓出3个小球，一看是二白一黑；他把球放进去又抓了一次，嘿，是二黑一白。

"你把桂花陈酒藏哪儿了？"伙计拉着店掌柜要拼命。

"住手！"智叟国王厉声说，"你上了他们的当，抓出3个红球的可能性太小了。还不赶快给我去追人！"

知识点 解析

可能性问题

故事中，16个小球中只有3个红球，若每次抓3个小球，抓到3个同色球有56种可能性，抓到两种颜色的有378种可能性，抓到三种不同色的有126种可能性，要抓560次才有可能一次抓到3个红球，可能性非常小。

可能性问题中，可能性的大小和数量有关，数量越多，可能性越大。相反，数量越少，可能性越小。

考考你

把5只蓝球和7只黄球放在一个盒子里，任意摸出一只球再放回，这样连续摸480次，摸出蓝球的可能性为（　　），摸出黄球的次数可能为（　　）次。

湖心岛上的小屋

　　麻子连长眼尖，发现桌子上有一张纸条："看，他们俩留下一张纸条。"

　　纸条是写给伙计的：

> 　　我们俩出去一会儿，可按画的图来找我们。黑圈是聪明人饭店，你一笔画出 4 条相连的直线段，恰好通过 9 个圆圈，画出的最后一条线段的方向，就是我们走的方向。

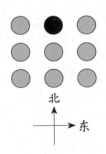

　　"我画一画。"伙计用笔在图上画了半天，也没按要求画出 4 条相连的直线段。店掌柜和麻子连长也画了好多

图，都画不出来。

　　智叟国王冷笑了两声，说："一群笨蛋！你们非把拐弯的地方画在圆圈上，这怎么能成？可以在圆圈外面拐弯，你们把图旋转 45° 再画，就容易多啦。"

　　智叟国王先把图向左旋转 45°，连出 4 条线段，最后一笔方向朝下；然后又向右旋转 45°，连出 4 条线段，最后一笔也是方向朝下。

　　伙计说："好啦！地图上的方向是上北下南，左西右东，两张图的最后一笔都方向朝下，他们俩一定是朝南边逃跑了，快去追！"

　　"回来！"智叟国王喝道，"我把图都旋转了 45°，难道向下还是正南吗？"

"噢，明白了。一个方向是指向东南，一个方向是指向西南。这么说，他们俩可能向东南方向跑了，也可能向西南方向跑了。"伙计弄明白了。

智叟国王决定，他和店掌柜带着两个卫兵向东南方向追，麻子连长和店伙计带着两个卫兵朝西南方向追。

店掌柜问："国王陛下，你们追那两个小孩，为什么还要我和伙计也一起去？店里没人看门，烧饼丢了怎么办？"

智叟国王两眼一瞪，说："叫你们两人去，是因为你们俩熟悉这一带地形。丢几个烧饼又算得了什么！"

店掌柜不敢再说什么了，乖乖地跟着智叟国王朝东南方向追去。他们追了半天也不见个人影。这时，天阴了，雪花飘落下来，不一会儿，地上、树上都是白茫茫一片。又追了好一会儿，智叟国王忽然停住了。

店掌柜问："国王，你怎么不走啦？"

智叟国王说："他们俩没从这条路上走。"

店掌柜有点莫名其妙："你怎么知道的？"

"雪地上连个脚印也没留下，难道他们能飞？咱们回去找麻子连长去。"往回走了一段时间，他们发现地上有一串脚印。店掌柜仔细辨认了一番，高兴地说："这里有店伙计的脚印，他穿的是布底鞋。"

　　脚印一直伸向一座大院子的门口，两人带着卫兵顺着脚印追进了院子。院子里有个圆形湖，湖心岛上有间房子。湖上没有桥，只有两条小船。一条小船有桨，停靠在湖心岛；另一条小船没有桨，停在湖边。

　　店掌柜指着湖心岛上的房子说："那条有桨的船停在湖心岛，说明有人划着船到岛上去了。可是，湖边这条船没有桨啊！"店掌柜在周围转了一圈，居然找到了一大段绳子。他高兴地对智叟国王说："有了绳子，你坐在船上，我跑到对岸，就可以把你拉过去。"

　　"是个办法。"智叟国王在 B 点上了船，他拉住绳子的一头，店掌柜拉着绳子的另一头，沿圆形湖岸跑。当店掌柜跑到 A 点时，绳子已经被拉直了，可是小船并没有靠到小岛上。

　　店掌柜大声喊道："坏了，绳子不够长，怎么办？"

　　智叟国王坐在船上想了想，说："你用力拉绳子，我叫你停，你马上停。"

　　"好吧！"店掌柜用力拉绳子，船慢慢向 A 点靠拢。当船走到离湖心岛比较近的 C 时，智叟国王大叫停住。接着他又让店掌柜沿着圆形湖继续向前跑，一直跑到 D 点，然后再从 D 点拉绳子，船慢慢靠近了湖心岛。

　　智叟国王下了船，掏出手枪悄悄地向那间屋子靠近。

他猛地踢开门，大喊："藏在屋里的人快出来！不出来，我就开枪啦！"

"我投降！我投降！"麻子连长和店伙计高举双手，从屋里走了出来。

智叟国王吃惊地问："怎么是你们俩？小派他们呢？"

麻子连长双手一摊，说："压根儿没看见。"

"我们上当啦！"智叟国王醒悟过来，"小派对这一带不熟悉，留下纸条是有意让咱们给他们俩领路的。看来，他们俩不在前面，而是跟在咱们后面！"

麻子连长着急地问："那可怎么办？"

智叟国王恶狠狠地说："没跑出去就好办，我一定能抓住他们俩！"

落入圈套

智叟国王对大家说："你们看，雪地上面他们一个脚印都没留下，可以肯定他们俩没走在咱们的前面，而是跟在后面，踩着咱们的脚印走！不信，你们可以回去查看一下脚印。"

店伙计一溜小跑回去查看，原有的脚印上果真叠有两双小些的脚印。

麻子连长拔出手枪，说："咱们顺着他们俩的脚印去找，还怕抓不着他们俩！"

"不，不。"智叟国王连连摇头，说，"小派和二休是两个聪明过人的孩子，硬搜，恐怕不成。"

"那怎么办？"麻子连长还真着急。

智叟国王用食指在空中画了个圈儿，说："我要设下一个圈套，让他们俩自投罗网。咱们走吧！"

"走？往哪儿走？"店掌柜弄不清这葫芦里卖的什么药。

"回智人城！"

智人城是智人国的首都，正方形的城墙上，每边都有6名士兵守卫。

小派和二休远远地跟在智叟国王后面，来到了智人城下。智叟国王等人直接进了智人城。可小派和二休不敢贸然往城里走，他们俩先围着城墙转了一圈儿，查看了一下情况。

二休小声对小派说："我数了一下，每边都有6名士兵。"

忽然，城楼上响起了嘹亮的号声，守城的士兵该换岗了。小派发现守城的士兵好像有些变化，就捅了一下二休，说："你看，守城的士兵好像变多了！"

二休围着城墙又转了一圈儿，说："没多呀！还是每边6名士兵，只是站法不同了，原来是每两个人站在一起，现在是站成一排。小派，如果士兵多了又怎么啦？"

"如果士兵多了，说明他们加强了防范，表明智叟国王已经发现咱们跟在后面了。"小派狠了狠心，说，"不入虎穴，焉得虎子。咱俩闯进去。"两个人混在人群中往城里走。

小派边走边往城上看，忽然，他愣住了。

二休忙问："你看见什么了？"

小派见周围的人挺多，没有说话，低着头走进了智人城。他们俩刚刚进城，城楼上响起一阵锣声，四方城门同时关闭，全城戒严了。

"二休，我刚才看见城上的士兵中，有一个长得很像智叟国王。"小派问，"你记得刚才城上的士兵是怎样站的吗？"

"记得。"二休在地上画了个士兵站岗图。

小派点点头说："这就对了。实际上，守城的士兵多出了4名，估计是智叟国王、麻子连长、店掌柜和伙计4个人化装成士兵，站在城上监视咱俩的行动。"

"每边还是6名士兵，怎么会多出4个人呢？"二休没弄明白。

小派指着图说："站在城角的士兵，比如站在城东北角的2名士兵，当你数北边的士兵时包括他们俩，当你数东边的士兵时还包括他们俩，所以这些士兵都数了两遍。"

"噢，我明白了。"二休说，"把城角上的士兵从2人减为1人，还要保持每边6名士兵，士兵就必须增加4个人，从原来的16人变成20人。"

正说着，麻子连长穿着士兵服装，领着几名士兵朝这边走来。

"麻子连长！"小派小声说了一句，拉着二休朝别的路走去。

迎面来了一队士兵，领头的是店掌柜，他也穿着士兵服装。小派和二休扭头上了一座桥。

"站住！出示你们的证件！"一名年轻的军官领着两名士兵在检查证件。

小派一摸口袋，说："哎呀，我证件丢了。"

"丢了？"年轻军官用怀疑的目光打量小派，说，"你怎么能使我相信你说的话是真的呢？"

小派双手一摊，说："随便你用什么方法。"

年轻军官想了想，说："这样吧，我用智叟国王教的方法来，测试你说的是真话还是假话。"

小派道："你具体说说。"

年轻军官从口袋里掏出一张白纸，裁成 5 张同样大小的纸条。他举着纸条说："我在每张纸条上写一个字，有的写'真'字，有的写'假'字。你抽出写'真'字的纸条，我就相信你说的是真话；如果抽出写'假'字的纸条，就说明你在撒谎！"

年轻军官躲在一旁，在5张纸条上都写了个"假"字，叠好以后让小派来抽。小派随手抽了一张，打开一看，高声说："上面写的是'真'字。"

年轻军官一愣，小派随手把纸条揉成一团扔进了河里。年轻军官生气地问："怎么把纸条扔掉了？谁能证明纸条上写的是'真'字？"

小派笑着将剩下的4张纸条都拿了过来，打开一看，上面都写着"假"字。

小派说："看，剩下4张纸条上都写着'假'字，这证明我抽走那张一定是写着'真'字。我想，你不会将5张纸条都写上'假'字来骗我吧？"

"这……"年轻军官张口结舌，不知说什么好。

"哈哈。"身后忽然传来一阵笑声，"你这骗普通孩子的玩意儿，怎么能骗得了小派呢？"

小派和二休回头一看，啊，是他！

智力擂台

小派和二休被骗进智人城，在大桥上被智叟国王捉住了。

智叟国王向全城人宣布："今天晚上在皇宫门前进行智力擂台赛，特邀请小派和二休参加比赛。智人城的全体居民都要参加打擂。"

晚上，随着一阵嘹亮的号声，智力擂台赛开始了。智叟国王宣布比赛的方法：任何人都可以上台提出问题，出题人可以指定某人来回答。如果一个人连续三次都答对了，他的任何要求都能得到满足；如果答错一次，将被狠抽一顿皮鞭。

麻子连长第一个跳上了台，他也不知从哪儿学来一套扑克牌游戏，想在这里露一手。他从口袋里掏出 13 张红桃扑克牌，点数从 1 到 13（其中 J、Q、K 分别代表 11、12、13）。他深知小派的厉害，不敢叫小派。他觉得二休可能好对付一点，就点名叫二休上台来回答。

麻子连长把 13 张扑克牌交给二休，让二休随意洗牌，并且记住其中一张牌。

麻子连长对二休说："你把刚才记住的那张牌的点数乘以 2，再加上 3，然后乘以 5，最后减去 25。你把最后的得数告诉我，我能立即找出你所记住的那张扑克牌。先告诉我，你运算的结果是多少？"

二休说："结果是 60。"

麻子连长抽出红桃 7，向上一举，说："你默记的那张牌是红桃 7，对不对？"

二休点点头说："对。"台下一片欢腾。

麻子连长得意地问："你知道这里面的道理吗？"

二休笑着对麻子连长说："你这是来蒙小孩子的吧！其实你心里早记住一个公式：$10x - 10 =$ 运算结果。比如，我说结果是 60，由 $10x - 10 = 60$，可得 $10x = 70$，$x = 7$。这 x 的值就是我默记的点数。我说得对不对？"

麻子连长抹了一把头上的汗水："可是，我没让你乘 10、减 10 呀！"

二休说："这里你耍了个小心眼儿。你让我把数乘以 2，再加上 3，再乘以 5，减去 25。设点数为 x，把上面的运算写出来就是：

$$(2x + 3) \times 5 - 25$$
$$= 10x + 15 - 25$$

$$= 10x - 10$$

简单一算，你就露馅儿啦！"

麻子连长脸一红，连话都没说就跳下了台。突然，一个人跳上了台，二休一看，原来是聪明人饭店的店掌柜。

"我来给你出一个买大饼的问题。"店掌柜说，"一天，有 10 个人到我店里买大饼，每人买的大饼数中都有'8'，他们总共买了 100 个大饼。你说说，他们每人都买了几个大饼？"

二休不慌不忙地说："一种可能是，有 9 个人每人买了 8 个大饼，剩下的 1 个人买了 28 个大饼；还有一种可能是，有 8 个人每人买了 8 个大饼，剩下的 2 个人每人买了 18 个大饼。"

店掌柜吃惊地问："你怎么算得这么快？"

"你想啊！"二休说，"每人至少要买 8 个大饼吧？总共是 80 个大饼，还多出 20 个大饼。这时有两种可能：一种可能是 20 个大饼又都被其中的 1 个人买去了，这样，有 9 个人各买了 8 个大饼，1 个人买了 28 个大饼；还有一种可能是 20 个大饼分别被 2 个人买去了，这样，有 8 个人各买 8 个大饼，2 个人各买了 18 个大饼。"

"对，对。"店掌柜刚要下台，二休笑着对台下说："有一点要提醒大家，吃他做的大饼可要留神，他的大饼里放了蒙汗药，吃了就会人事不知啦！"台下一阵哄笑，店掌柜赶紧溜下了台。

"看我的！"声到人到，店伙计一个箭步蹿上了台，大声嚷道，"我就不信考不倒你，看我给你出道难题吧！"

突然，有人喝道："下去！"店伙计回头一看，智叟国王不知什么时候也上了台，他冷冷地对店伙计说："如果你出的第三个问题难不倒他，他要你的脑袋，你肯给吗？"

"这……"店伙计抱着脑袋跑下了台。

智叟国王皮笑肉不笑地说："二休果然聪明过人，不过我出的第三个问题，不是你回答得了的！"

二休笑了笑，说："那就试试吧。"

智叟国王一招手，走上两个长得一模一样的少年。智叟国王对二休说："这是一对孪生兄弟，长得可以说是分毫不差。可是这两个人有一点差别，有一个专门说假话，另一个专门说真话。"

智叟国王死死盯了二休一阵子，又说："我知道你很想回国，你回国的通行证就在我的口袋里。这一对孪生兄弟都知道通行证放在我哪边的口袋里。你只能问他们一句话，要问出究竟在哪边口袋里。"

"这个……"这个问题可真叫二休犯了难。

"怎么样啊？如果答不出来，就算答错一次。按照擂台的规矩，你可要吃一顿皮鞭啦！"智叟国王一边说，一边从腰上解下一条皮鞭。

二休的手指在头上反转了两个圈儿，然后说了声："有啦！"

二休对孪生兄弟中的一个问道："如果由你兄弟回答'通行证放在哪边口袋里'，他将怎样回答？"

这个少年说："他会说通行证放在左边口袋里。"

二休高兴地说了声："好极啦！"接着，他以极快的动作从智叟国王右边口袋里掏出了通行证。

智叟国王大惊失色："你怎么知道通行证一定在我的右边口袋里？"

二休笑着说："一个说真话，一个说假话。把一句真话和一句假话合在一起，一定是一句假话。因此'放在左边口袋里'肯定是假话，那么通行证一定放在右边口袋里喽！"

智叟国王脸色突变，大喊："来人！"

知识点 解析

数字谜

题目中买大饼的问题算是一种数字谜：□8 + □8 + □8 + □8 + □8 + □8 + □8 + □8 + □8 + □8 = 100。经过分析，每人至少买 8 个大饼，就是 8 × 10 = 80（个），还剩 20 个，可以分给一个人，也可以分给两个人。所以答案有两种：8 + 8 + 8 + 8 + 8 + 8 + 8 + 8 + 28 = 100，8 + 8 + 8 + 8 + 8 + 8 + 8 + 8 + 18 + 18 = 100。

要解答这种类型的题目，我们可以分析算式中各个数字、符号之间的关系和算式的结构特征，选择突破口，并进行检验，还可以缩小范围进行尝试。

考考你

小派想考考二休，他说："我这里有 11 个 8，你能填上加、减、乘、除等运算符号，使运算结果等于 2008 吗？"

8 8 8 8 8 8 8 8 8 8 8 = 2008

打开密码锁

　　智力擂台上，二休一连答对了三个问题，并从智叟国王的口袋里拿出了回国通行证。谁知智叟国王说话不算数，叫来两名士兵用铁锁把二休的双脚锁在了一起。小派跳上台，气愤地问："你把他的双脚锁起来，叫他怎么回国？"

　　"哈哈……"智叟国王一阵狂笑，说，"你应该帮助他回国呀！通行证上写的是你们俩的名字。至于回国的路

线嘛，通行证上也写得清清楚楚。"

智叟国王指着二休脚上的锁说："这是把密码锁，密码是由六位数字 $1abcde$ 组成。把这六位数乘以 3，乘积就是 $abcde1$，你们可以算算这个密码是多少。不过要注意，算对了才能打开锁，如果算错了，拨错了密码，锁会变得非常紧，二休的脚就要被夹坏呀！"

小派恨透了这个国王，他冷冷地问："我们可以走了吗？"

智叟国王右手向前一伸，说："请！"

小派背起二休，按照通行证上所标的路线，来到了一条大河边。河上架着一座用绳子绑成的木板桥，桥还挺长，中间用几根木柱支撑着。桥边立着一块木牌，上面写着：

此桥最多承重 50 千克。

小派把二休放到了地上，擦了把汗，问："二休，你多重？"

二休回答："35 千克。"

小派说："我 40 千克，看来我背着你过桥是不行了。"

二休内疚地说："小派，你先回中国吧。你背着我走，负担太重了。"

"哪儿的话！"小派笑着说，"我怎么能把你扔下不管呢？"

小派在桥边来回遛了两趟，有了主意。他解开绑桥板的绳子，拆下一段桥板，又用绳子的一头拴住木板，让二休平躺在木板上。

小派跳到水里游一段，又爬上木桥，用绳子拉着木板一同往前走，很快就把二休拉过了河。

二休高兴地说："利用水的浮力，你把我拉过了河。"

小派猛然想起了什么："嘿！咱俩可真糊涂。把密码锁打开，一切问题不就都解决了吗？"

二休说："这要算半天哪！密码的 6 位数字是 $1abcde$，乘 3 之后得 $abcde1$，可以列个竖式。$e \times 3$ 的个位数是 1，只有 $7 \times 3 = 1$，e 必定是 7；由于 21 在十位上进了 2，这样 $d \times 3$ 的个位数必定是 5，那么 d 一定是 5；同样可以推算出 $c = 8$，$b = 2$，$a = 4$。"二休在地上写了几个算式：

$$\begin{array}{r} 1abcde \\ \times \quad 3 \\ \hline abcde1 \end{array} \Rightarrow \begin{array}{r} 1abcd7 \\ \times \quad 3 \\ \hline abcd71 \end{array} \Rightarrow \begin{array}{r} 1abc57 \\ \times \quad 3 \\ \hline abc571 \end{array} \Rightarrow$$

$$\Rightarrow \begin{array}{r} 1ab857 \\ \times \quad 3 \\ \hline ab8571 \end{array} \Rightarrow \begin{array}{r} 1a2857 \\ \times \quad 3 \\ \hline a28571 \end{array} \Rightarrow \begin{array}{r} 142857 \\ \times \quad 3 \\ \hline 428571 \end{array}$$

二休高兴地说："哈哈，我算出来啦！密码是 142857，我来把锁打开。"

"慢！"小派忙说，"如果算错了，可就糟啦！铁锁会越夹越紧。这样吧，我再用列方程的方法算一遍，看看得数是否一样。确定没问题了，再开锁也不迟。"

小派在地上边算边写：

设 $\qquad abcde = x$

那么 $\qquad 1abcde = 100000 + x$

因为 $\qquad abcde1 = 10 \times abcde + 1 = 10x + 1$

可列出方程 $\quad 3 \times (100000 + x) = 10x + 1$

展开 $\qquad\qquad 300000 + 3x = 10x + 1$

$$7x = 299999$$

$$x = 42857$$

所以 $\qquad 1abcde = 142857$

二休松了一口气："结果一样，没问题啦！"小派小心地把密码拨到 142857，只听咔嗒一响，锁打开了。

二休说："咱们找人打听一下，回中国和日本怎么走吧？"

正说着，两人忽然听到有人在低声哭泣，循声望去，只见一个老泥瓦匠守着一大堆方砖在哭。

小派问："老大爷，您有什么难事？"

老泥瓦匠指着一堆方砖说："这里有36块方砖，每6块为一组，分别刻有A、B、C、D、E、F等字母。"

二休看了看这堆砖，说："对，每块砖上都刻有一个字母。"

老泥瓦匠又说："智叟国王叫我用这些方砖铺成一块方形地面，要求不管是横着看，还是竖着看，都没有相同的字母。我铺了半天也没铺出来，下午再铺不出来，智叟国王就要杀了我！"

小派安慰他说："您不用着急，我们替您摆一摆。"

小派先把6块刻有A的方砖沿对角线放好；二休把5块刻有B的方砖也斜着放，第6块B砖放在左下角。两个人你摆6块，我摆6块，不一会儿就摆好了。

A	B	C	D	E	F
F	A	B	C	D	E
E	F	A	B	C	D
D	E	F	A	B	C
C	D	E	F	A	B
B	C	D	E	F	A

老泥瓦匠非常感激地说："你们真聪明！看来要按照一定的规律摆，乱摆是不成的。"

小派刚想打听一下去中日两国的路线，只见两匹快马奔驰而来。

巧过迷宫

两个蒙面人策马而来，第一个蒙面人弯腰把二休带上了马，小派刚想上前救回二休，第二个蒙面人举起马鞭，啪的一声将小派抽倒在地，两匹马一溜烟似的跑了。

小派强忍疼痛，心想：这两个蒙面人会是谁呢？如果是智叟国王，他为什么只抓走二休，而不抓我呢？

两个蒙面人将二休挟持在马上，一直跑到一条山涧前才停了下来。二人除去蒙面布，原来正是麻子连长和智叟国王。

智叟国王哈哈大笑，说："你就是神通广大的孙悟空，也逃不出我如来佛的手心。二休，咱们又见面了。"

二休愤怒地说："你身为一国之主，怎么总是说话不算数！你说好了放我和小派走，怎么又把我抓回来了？小派在哪儿？快告诉我！"

"嘿嘿……"智叟国王一阵冷笑，说，"谁也没说不放你走啊！你回日本，小派回中国，你们俩不可能走同一条路。我是怕你走错了路，特意带你走这条近道，你看下

面。"二休探头向山涧下面一望，吓得倒吸了一口凉气——好深的山涧哪！下面云雾缭绕，深不可测。

智叟国王冷笑着说："过了这个山涧，你就可以抄近道回日本了。这个山涧有6米宽，可惜上面没有架桥。"

二休问："没有桥，叫我怎么过山涧？"

"嗯……那我就好人做到底，给你两块木板，你自己想办法搭座桥吧。"智叟国王叫麻子连长扛来一长一短两块木板。

二休先用那块长木板试了试，不够长，就是放在最窄的山涧处，也还差半米，够不着对岸。他想把长短两块木板接起来，可是没有绳子来捆。二休犯了难。

智叟国王幸灾乐祸地说："过不了山涧，你就回不了国。可别埋怨我不放你回国啊。"

二休沿着山涧察看，忽然发现有一个拐角。他一拍后脑勺，说："有啦！"

二休先把短木板横放到拐角处，然后把长木板的一端放到短木板上，另一端正好放到对岸，二休飞快地跑过木板通过了山涧。过了山涧，二休忙把长木板抽掉，防止智叟国王和麻子连长跟过来。

"果然聪明！"智叟国王点点头说，"你一直往前，就可以到日本了。"

"我才不相信你的鬼话呢！"二休愤愤地说，"你这个人的心肠比乌鸦还黑。咱们走着瞧吧！"二休头也不回地向山下走去。

二休边走边琢磨：往前走肯定不是日本，可是我应该往哪儿走呢？对，回去找小派。把我和小派分开，是智叟国王要的诡计。想到这儿，他沿着山道往回走。

走着走着，前面出现了一堵墙，中间开有一扇大门，门上写着四个字——有来无回。

"有来无回？这是什么地方，名字怎么这样吓人？"二休想绕道走，可是左右都没别的道路。

"哼，别说是'有来无回'，就是'刀山火海'，我也要闯一闯！"二休径直往大门里走去，可是没走几步又赶紧退了回来。他看到里面道路很多，明白了这是一座迷宫。

提到迷宫，二休想起了古希腊神话中忒修斯除妖的故事：传说，古希腊克里特岛的国王叫米诺斯，他的妻子生下一个半人半牛的怪物叫米诺陶。王后请当时最著名的建筑师代达罗斯建造了一座迷宫。迷宫里岔路极多，进入迷宫的人很难走出来，最后都被怪物米诺陶吃了。雅典王子忒修斯决心为民除害，要杀死米诺陶。忒修斯来到克里特岛，认识了美丽、聪明的公主阿里阿德涅。公主钦佩王子的正义行动，便送给王子一个线团，叫王子把线团的一端挂在迷宫的入口处，然后边放线边往迷宫里走。公主还送给王子一把斩妖剑，用这把剑可以杀死怪物米诺陶。在公主的帮助下，王子忒修斯勇敢地走进迷宫，找到了怪物米诺陶。经过一番激烈的博斗，王子终于杀死了怪物，然后沿着进迷宫时所放的线，很快走出了迷宫。

二休想到了忒修斯进出迷宫的方法，可是他手里没有线团，怎么办？他一摸身上，自己穿着一件毛背心。把毛背心拆开，不就有线了吗？想到这儿，二休很高兴，把毛背心拆出一个头来，他把拆出来的毛线拴在大门口。二休往里走去，毛线也不断从毛衣上往下拆。

　　二休走了一段路又停下了，他想：有了毛线作标记，只能保证我退回原路，可是我的目的不是退回来，而是要穿过这座迷宫呀！二休想了一下，给自己立了两条规则：第一，碰壁回头走；第二，走到岔路口时，总是靠着右壁走。根据这两条规则，二休终于走出了迷宫。

　　出了迷宫再往哪儿走呢？二休正踟蹰不前，前面忽然传来阵阵哭声。

熟鸡生蛋

二休循声走过去一看，原来是一个头戴花格头巾的小脚夫坐在一块石头上哭。

二休拍了一下小脚夫的肩头，问："小弟弟，你有什么难事解决不了哇？"

小脚夫抬头看了二休一眼，抽抽搭搭地说："你的年龄比我也大不了多少，告诉你也没用！"

二休摇摇头说："这可不一定哦。多一个人就多一份智慧嘛！你说说看。"

小脚夫抹了一把眼泪，说："前几天，我赶着毛驴路过'红鼻子烧鸡店'。店掌柜外号叫'红鼻子'，他非拉我进店吃烧鸡不可。"

二休问："你吃他的烧鸡没有？"

"吃了。"红鼻子说，"鸡不论大小，一律1元钱1只。可是我吃完了1只烧鸡后，一摸口袋，发现我忘带钱了。"

"没带钱怎么办？"

"红鼻子掌柜说，没带钱不要紧，先记上账，有钱

再还。"

"红鼻子掌柜还真不错！"

"哼，什么不错呀！他可把我害苦啦！"小脚夫愤愤地说，"过了几天，我去烧鸡店还钱，红鼻子拨弄了一阵算盘，说，我应该还他40元钱！"

二休惊呆了，他问："不是1只烧鸡1元钱吗？你吃了他1只烧鸡，他怎么要你40元钱呢？"

小脚夫说："是呀，我也是这么问他的，他回答说，假如那天我不吃那只鸡，几天来那只鸡少说也能生3个蛋，这3个蛋能孵出3只小鸡，3只小鸡长大，每只下3个蛋，共下9个蛋，孵出9只小鸡，小鸡长大再生蛋，就能孵出

27 只鸡来。我要不吃那只鸡，他该有：$1+3+9+27=40$（只）鸡。1 只鸡 1 元，40 只鸡不就是 40 元吗？"

二休关心地问："那后来呢？"

小脚夫说："红鼻子蛮不讲理，非要我给他 40 元不可，没办法，我只好给了他。你要知道，我辛辛苦苦大半年才挣到那 40 元钱哪！"

"实在是欺人太甚！"二休眼珠滴溜一转就来了主意，他决心替小脚夫出气，"你手里还有钱吗？"

"还有 2 元。"小脚夫从口袋里掏出仅有的 2 元钱。

"借我用一用。"二休拿着 2 元钱直奔红鼻子烧鸡店，他对红鼻子说："掌柜的，我要买鸡，给你 2 元钱，晚上我来取烧鸡。"

红鼻子满脸赔笑，说："行，行！晚上一定给您准备好上等烧鸡。"

傍晚，二休带着小脚夫走进红鼻子烧鸡店，红鼻子赶忙拿出 2 只烧鸡递了过来。

红鼻子笑眯眯地说："这是您买的 2 只烧鸡，您看看怎么样？"

二休把脸一绷，问："怎么就 2 只烧鸡？"

红鼻子说："1 元钱买 1 只烧鸡，你给我 2 元钱，不是买 2 只烧鸡吗？"

"你可弄错了。"二休一本正经地说，"我给你的那2元钱，和一般钱可不一样，它可以生钱哪！"

"钱能生钱？"红鼻子瞪大了眼睛。

二休说："对。我往少里说，每1元钱生一次钱就不再生了。我给你2元钱，过一小时，1元钱能生出3元钱，2元就能生出6元；再过一小时，这6元就生出18元；过了三小时，这18元又生出54元。这些钱加在一起是：$2+6+18+54=80$（元），80元能买80只烧鸡才对呀！"

红鼻子气急败坏地说："你这是讹诈！谁见过钱生钱的？"

二休也不客气，大声对红鼻子说："你才是真正的骗子！谁见过煮熟的鸡能生蛋的？"

小脚夫走上前，指着红鼻子说："既然煮熟的鸡能生蛋，那钱也能生钱哪！"

围观的群众纷纷指责红鼻子骗人。红鼻子自知理亏，连忙退还给小脚夫39元钱。

二休摆摆手说："我订的那2只鸡也不要了，退给我2元钱。"红鼻子只好点头同意。

路遇艾克王子

　　二休和小脚夫分开后一心赶路,想找到患难朋友小派。走到一个路口时，他忽然被什么东西绊了一下。

　　"哎哟！"有人喊了一声。二休仔细一看，只见一位衣着华丽的少年坐在路旁。二休赶紧说："真对不起，请原谅！"

　　"不，是我绊了你一下。应该是我说对不起。"少年站起来，拍了拍裤子上的土。二休上下一打量，这个少年穿戴不凡。只见他头戴王子冠，上身穿猩红色的将军服，下身穿带宽边的绿色元帅裤，足蹬高筒马靴，身后披着金黄色的斗篷，活像电影里的王子。

　　二休向少年鞠了一躬，说："我是日本人，叫二休，请多关照！"

　　少年连忙还礼，说："我是诚实王国的艾克王子。诚实王国和智人国是邻居，我是被智叟国王骗来的。"

　　"你也是被骗来的？"二休问。

　　艾克王子说："今天早上，智叟国王约我去打猎，把

我带到这个荒郊。突然，智叟国王叫麻子连长抢走了我的枪，强迫我给他算一道题。"

二休问："什么题？"

艾克王子回答："他出了这样一道题：我把前天打的狐狸总数的一半再加半只，分给我的妻子；把剩下的一半再加半只，分给大王子；把剩下的一半再加半只，分给我的二王子；把最后剩下的一半再加半只分给公主，结果全部分完。你说说，每人都要分得整只狐狸，该怎么办哪？"

二休忙问："你是怎么给他分的？"

"我……我没分出来。"艾克王子说，"智叟国王见我分不出来，就嘿嘿一阵冷笑，挖苦我说：'连这么一道简单的题目都做不出来，还有资格继承王位？你的国家归我了，你就留在这荒郊野外，等着喂狼吧！'他说完，就和麻子连长一同骑马走了。"

"智叟国王实在太坏啦！"二休愤恨地说，接着又关心地问，"你准备怎么办？"

"嗯……我准备先把智叟国王出的题算出来！"艾克王子的回答，有点出人预料。

"好，我来帮你算这道题。"二休说，"你想想，由于每人分得的狐狸必须是整数，而每次都需要加半只才能得整数，说明每次要分的数一定是个奇数。"

"对。往下该怎么想？"

二休说："这类问题应该倒着推算。由于'把最后剩下的一半再加半只分给公主，结果全部分完'，所以公主得到的一定是 1 只。再往前推，智叟国王的二儿子得 2 只，大儿子得 4 只，他妻子得 8 只。$1+2+4+8=15$，也就是说，总共有 15 只狐狸。"

"噢，原来要倒着算哪！"艾克王子明白了。

二休又问："题目做出来了，你还准备干什么？"

艾克王子想了一下，说："我想回国了。二休，我邀请你到我们诚实王国做客，好吗？"

"我还要找到我的好朋友小派呢！"二休有些犹豫。

艾克王子坚持要二休先去诚实王国，再找小派，二休只好答应。两人都不认识去诚实王国的路，正在发愁，前面走来了一个老头儿，他头戴破草帽，帽檐儿压得很低，把眉毛都遮住了，还架着一副墨镜，留着络腮胡子，穿着一件破大衣，手里拄着木棍，像要饭的。

艾克王子走上前问："老人家，请问去诚实王国怎么走啊？"

老人头也不抬地说："先往东走一大段，再往北走一小段，就到了。"

艾克王子又问："向东、向北各走多远啊？"

老人先是一阵冷笑，接着说道："大段和小段之和是16.72千米；把大段千米数的小数点向左移动一位，恰好等于小段的千米数。具体是多少，自己算去吧！"说完，老人头也不回地走了。

二休挠挠头说："这个老人的声音真耳熟！"

会跑的动物标本

艾克王子说："你快把这两段路算出来吧！"

"好的。"二休说，"把大数的小数点向左移一位等于小数，说明大数一定是小数的 10 倍。大、小数合在一起，一定是小数的 11 倍。这样，就可以求出两段路程了：

小段路程：$16.72 \div 11 = 1.52$（千米）

大段路程：$16.72 \div 1.52 = 15.2$（千米）

咱们先向东走 15.2 千米，再向北走 1.52 千米，就到家了。"

两人走得挺快，不到中午，两人就走完了全程。可艾克王子向周围一看，这里根本不是诚实王国。

两人正觉得奇怪，忽听一声炮响，一发炮弹在他们不远处爆炸。两人赶紧趴在地上。

两人回头一看，只见刚才那位要饭的老人正站在一门大炮旁边，而麻子连长正指挥士兵往大炮里填炮弹。

要饭老人把破草帽、大胡子、破衣服都去掉了，原来是智叟国王！智叟国王向下一挥手，喊了声"放"，只听轰的一声，又一发炮弹打了过来。

麻子连长挥动着双手，大声叫道："哈，你们俩完了！快把脖子伸长等死吧！"

炮弹不断在二休和艾克王子周围爆炸。艾克王子问："咱们怎么办？难道在这里等着让他们打死？"

二休说："大炮只能往远处打，打不着近处。咱俩向大炮冲去！"

智叟国王一看二休及艾克王子冲上来了，大喊："大炮打不着他们俩了，快跑！"

智叟国王、麻子连长和两名士兵分散跑开了。

"追谁？"艾克王子问。

"追智叟国王！"二休快步向智叟国王追去。

智叟国王跑得还挺快，左一拐右一拐，就跑进了一座动物园。二休和艾克王子在动物园里转了两圈，也没看见智叟国王的影子。

他们俩来到动物园的售票处，隔着小门问售票员："你看见智叟国王跑进去了吗？"

售票员声音粗哑地回答："他跑进去了。"

二休又问："他可能藏在哪儿？"

"这个……"售票员忽然把手伸了出来。他这是要钱哪。艾克王子从口袋里摸出一枚金币扔给了他。

售票员拿起金币咬了咬,才慢吞吞地说:"智叟国王藏在一个笼子里。笼子的编号是一个三位数,这个三位数的三个数字之和为12;百位数字加上5得7,个位数字加上2得8。你们去找吧!"

二休皱着眉头说:"这个人说话的声音怎么这么难听呀?"

艾克王子说:"他可能感冒了。你快算出笼子号码,抓住智叟国王要紧。"

二休说:"这个问题好算。百位数字加上5得7,百位数字一定得2;个位数字加上2得8,个位数字一定是6;

再由三个数之和为 12，可知十位数字是 4，笼子的编号是246。"

艾克王子和二休先找到 241 号笼子，里面关着长尾猴。他们接着往下数，242 号是狼、243 号是狐狸……嘿，到了要找的那个笼子，笼子很大，可里面什么也没有，并且和一个大山洞相连。

艾克王子说："智叟国王可能藏在那个山洞里。"他一拉笼子的铁门，门是虚掩着的，于是更相信智叟国王刚刚跑进山洞去了。

两人同时走进笼子，悄悄地向山洞口靠近，忽然，山洞里传出一声虎啸，随后一只斑斓猛虎从山洞里蹿了出来。

"不好，咱俩又上当了！"二休拉着艾克王子就往外跑，可笼子的门已经被人关上了，还上了锁。

"哈哈，你们俩被麻子连长骗进了老虎笼，这只老虎已经饿了好几天，你们俩可以使它饱餐一顿喽。"智叟国王站在笼子外面奸笑着说。

原来售票员是麻子连长化装的，铁笼子的门是智叟国王从外面锁上的。然而，二休和艾克王子明白得太晚了，老虎正向他们俩扑过来。怎么办？二休高喊："快往上爬！"两人顺着铁栅栏向上爬，像猴子一样吊在了铁笼子的上空。

智叟国王在外面幸灾乐祸地拍着手说："真好玩，二休和艾克王子变成猴子啦！"

智叟国王这番话，把艾克王子气得直咬牙。他从小习武，两臂非常有力气。只见他双手握住铁棍，一用力，就把铁棍拉弯了，笼子露出一个大洞。两人从洞口钻了出去。

智叟国王见状不妙，掉头就跑。两人在后面追了一阵，智叟国王三晃两晃又不见了。他能跑到哪儿去呢？前面只有动物标本室可供躲藏，两人推门进了标本室，只见大象、犀牛、长颈鹿、斑马等的标本赫然出现在眼前，把两人吓了一跳。待他们回过神来，转了一圈后也没有发现什么可疑情况。

二休说："智叟国王会不会假扮成动物标本来迷惑我们？"

"问问清楚。"艾克王子推开管理员办公室的门，走了进去。屋里只有一名50多岁的管理员。

艾克王子问他："老实说，你们这儿有多少只动物标本？"

"我说，我说。"管理员战战兢兢地说，"你让我说出具体有多少，我一时还真说不上来。我只知道如果把15只食草动物换成食肉动物，那么食肉动物和食草动物的数目相等；如果把10只食肉动物换成食草动物，那么食草动物就是食肉动物的3倍。"

二休立刻说："我敢肯定，食草动物比食肉动物多30只，不然，怎么会换掉15只还能相等呢？"

艾克王子琢磨了一下，说："对！当把10只食肉动物换成食草动物以后，食草动物比食肉动物多出50只，恰好是剩下的食肉动物的2倍。"

二休接着说："那剩下的食肉动物就是25只啦！算出来了！食肉动物是25＋10＝35（只），食草动物是35＋30＝65（只）。咱俩开始数吧！"

艾克王子说："先数数食肉动物有多少只。1，2，3……正好35只，1只也不多。"

二休接着说："再数数食草动物。1，2，3……66只，嗯，怎么多了1只？"

艾克王子指着两匹斑马标本说："看，这里有两匹一样的斑马，一定有一只是假的。我用宝剑刺一下试试。"被刺的这匹斑马纹丝不动，另一匹斑马标本却撒腿就跑。而且奇怪的是，它跑起来不是四条腿着地，而是像人一样两条后腿着地。

二休大叫："哎呀，斑马跑啦！"

管理员也惊呼："见鬼，标本怎么活啦！"

智叟国王跑出标本室，把斑马皮脱下来扔在了一边，他擦了一把汗，说："好险，差点儿挨了一剑！"

艾克王子与二休追出来一看，只发现地上有一张斑马皮，智叟国王已经没影了。这时，嗖嗖一连射来几支箭，艾克王子连忙按下二休，说："冷箭，快趴下！"

知识点 解析

和倍问题

已知两个数的和以及它们之间的倍数关系，求这两个数各是多少的问题，叫和倍问题。和倍问题的一般解题规律是：

和÷（倍数+1）＝较小数（一倍量）；

较小数×倍数＝较大数（多倍量）。

故事中，大数的小数点向左移动一位等于小数，说明大数一定是小数的 10 倍，可以利用和倍关系式求出两个数。

考考你

一个小数的小数点向左移动两位后是（　　　　），这时它与原数相加的和等于 17.978。

攻破三角阵

　　谁放的冷箭？艾克王子和二休正纳闷儿，一阵急促的马蹄声由远及近，一队当地的原住民出现在面前。他们赤裸着上身，头上插着五颜六色的鸟的羽毛，斜背着硬弓，手里提着鬼头大刀，个个都骑着高头大马，十分威风。

　　为首的一个人大声说："我刚才明明看见一匹斑马在

这儿跑，我们射了几箭，怎么一眨眼就变成一张皮了呢？"

艾克王子把刚才他们怎样追智叟国王，智叟国王又怎样化装成斑马标本的过程说了一遍。

原住民首领听说两人在追智叟国王，也义愤填膺。他说："智叟国王歹毒至极，他连蒙带骗，强占了我们部落的大片土地，请你们带我去找他算账！"原住民首领又命人让出两匹马，给艾克王子和二休。

他们刚要出发，忽听砰的一声枪响，只见麻子连长骑着马，带了许多士兵包围过来了。

麻子连长大笑道："哈哈，你们都中智叟国王的计了。走进了我的埋伏圈，看你们还能往哪里逃！"麻子连长把手向上一挥，士兵们立刻排成两个相邻的三角形队列，麻子连长位于正中间，很是整齐。

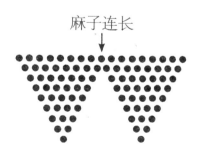

麻子连长

听了麻子连长的一番话，原住民首领气不打一处来，他将手中的鬼头大刀一挥，大吼一声："弟兄们，跟我往前冲！"

二休赶紧把原住民首领拦住，说："首领，不能硬拼，俗话说，'知己知彼，方能百战百胜'，我们要探探他们有多少士兵，然后再进行攻击。"

原住民首领点点头，觉得二休说得有理。艾克王子认真观察了一下麻子连长排出的阵形。

艾克王子说："麻子连长摆的是两个三角形阵势，每边都有9名士兵。二休，你算算他们共有多少士兵？"

二休敲着脑袋想：怎样才能算得更快一些呢？"有啦！可以以麻子连长为轴心，把其中一个三角形旋转180°，和另一个三角形拼成一个平行四边形。"

麻子连长

艾克王子说："平行四边形共有9行，每行有9名士兵，总共有 $9 \times 9 = 81$（人）。"

二休摇摇头说："不对。我这么一转，两个三角形的一条边就重合了。你少算了一条边上的士兵。"

"那应该是多少名士兵？"艾克王子糊涂了。

二休说："应该是 $9×9+9-2=88$（人）才对。"

艾克王子问："怎么还要减2？"

二休说："大麻子是连长，他不算兵，要减去他占的两个位子。"

原住民首领高兴地说："我明白了，麻子连长带来88名士兵。我带来了80人，可以和麻子连长决一死战！"

艾克王子叮嘱说："万万不可直接去攻击麻子连长！否则你会陷入两个三角形阵的中间，会遭到左、右两侧的攻击，就会顾此失彼，乱了章法。"

"那依你的意思呢？"原住民首领觉得艾克王子说得极是。

艾克王子说："你可以兵分两路，攻击三角形阵的两个侧翼。"

二休握紧拳头，向空中一挥，说："对，咱们给他来个两面夹攻！这叫'以其人之道还治其人之身'。"

首领一声令下，原住民以40名骑兵为一队，两队骑兵像两支离弦之箭，向麻子连长的两个侧翼发起猛攻。

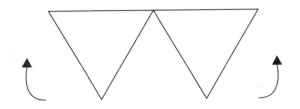

原住民骑兵个个彪悍，他们很快把三角形阵势冲垮了。麻子连长一看大势不好，连连向空中开枪，高喊："不好，他们没有上当！你们给我顶住，队形不能乱！"

兵败如山倒，士兵们立刻乱了阵脚，到处乱窜，他们哭爹喊娘，乱作一团。原住民首领一马当先，直奔麻子连长杀去，艾克王子和二休骑马紧跟其后。麻子连长一看有人直奔他杀来，吓得掉转马头就跑。

原住民首领的马越跑越快，眼看快要追上麻子连长了。麻子连长回头开了一枪，原住民首领低头躲过，却听艾克王子"哎呀"一声，从马上跌落下来。

原住民首领和二休急忙勒住马，下马扶起艾克王子。二休忙问："你怎么样？伤着哪儿啦？"

艾克王子说："没什么事，擦破了点儿皮。咱们怎样才能把麻子连长所带的士兵全部消灭？"

二休冲艾克王子眨眨眼，又凑在原住民首领耳朵边，小声说："要彻底战胜麻子连长，必须这样……"原住民首领连连点头。

二休把艾克王子扶上了马，并大声喊叫："艾克王子受重伤了，快撤退！"说完就一马当先往回撤。

麻子连长一看原住民撤退了，立刻来了精神，他大声命令："原住民已经撤回去了，弟兄们，快给我追！"士兵们在他的带领下，向二休撤退的方向追去。

二休带着艾克王子、原住民首领过了一座简易独木桥。麻子连长站在桥边，指挥士兵排成单行从独木桥上通过。当一部分士兵过了独木桥后，水中忽然钻出几个原住民，他们七手八脚把独木桥拆了，正在桥上行进的士兵一个不落都掉进水中。原住民首领杀了一个回马枪，把过了独木桥到达对岸的士兵全部抓获。

麻子连长在岸边急得直跺脚，他问一排排长："你给我查一查，我还有多少兵？"

一排排长不敢怠慢，赶紧清点了一下士兵人数，然后跑回来报告："我们连的弟兄，有 $\frac{1}{4}$ 投降了，还有 $\frac{1}{11}$ 掉进了河里，剩下的有一半在开小差。"

麻子连长气得满脸通红，他大声呵斥："你明明知道我数学不好，为什么还出题考我？你马上把人数给我算出来，不然的话，我要你的脑袋！"

"是、是。"一排排长赶紧趴在地上列了个算式：

$$余下的士兵数 = 80 \times (1 - \frac{1}{4} - \frac{1}{11}) \div 2$$
$$= 88 \times \frac{29}{44} \div 2$$
$$= 29（人）$$

一排排长马上报告说："还剩下 29 名士兵！"

麻子连长摘下帽子，抹了一把汗，说："只剩下 29 个人，看来是打不过人家了，快撤！"

麻子连长刚想撤退，可是已经来不及了，原住民骑兵从四面包围上来。他们手舞大刀，高喊："快投降吧！投降不杀！"

麻子连长环顾四周，心想：坏了！被包围了！要赶紧想办法溜掉。他对 29 名士兵下达命令："你们 7 个人向左冲，7 个人向右冲，7 个人向后冲，8 个人跟我向前冲。谁不玩儿命往外冲，我枪毙了谁！"说完砰砰向前放了两枪。士兵们向四面冲去。不过，麻子连长可没走，他跳下马，脱下军装，钻进了小树林……

战斗很快结束了。清理战场时，智叟国王的 88 名士兵一个不少，唯独麻子连长不见了！他跑到哪里去了呢？

活捉麻子连长

艾克王子说："你们打了个大胜仗。我也该回自己的国家了。二休，请你跟我一起回去！"二休高兴地点了点头。

原住民首领要送两人一程，艾克王子一再表示感谢，请首领不要送了。两人问清路线，挥手向首领告别。

艾克王子带着二休进入了诚实王国的领土，两人路过一座大寺院时，一位白发苍苍的老僧人正站在门口。

艾克王子看见老僧人，上前拉住他的手，问："您今年多大年纪啦？"

老僧人回答："贫僧7年后年龄的7倍，减去7年前年龄的7倍，恰好是现在的年龄。"

二休在一旁笑着说："好哇，老僧人要考考王子！"

艾克王子说："我一路上向二休学习，数学长进了不少。这次由我来回答。"

二休一竖大拇指，说："太好啦！"

艾克王子想了想，说："7年的7倍是49，哎呀，您今年 98 岁啦！"

老僧人双手合十，说："阿弥陀佛，艾克王子果然聪敏过人，贫僧的确愚活了 98 个春秋！不过，不知王子用的什么方法，算得如此神速？"

"我用列方程的方法。"艾克王子说，"假设您的年龄是 x 岁，可以列出一个方程式：

$$7(x+7)-7(x-7)=x。"$$

老僧人插话道："请王子把这个方程的含意，给贫僧指明一二。"

艾克王子解释说："我已假设您现在的年龄为 x 岁，那么 7 年后的岁数就是 $(x+7)$ 岁，它的 7 倍就是 $7(x+7)$ 岁。同样道理，7 年前年龄的 7 倍应该是 $7(x-7)$ 岁，它们的差恰好等于您现在的年龄 x 岁。因此，可得上面那个等式。"

老僧人含笑点头，说："王子果然聪敏过人。"

艾克王子说："我虽然算出了您的年龄，但是比起二休来，我还差得远哪！"

二休赶紧说："哪里，哪里，王子过谦了。"

艾克王子问老僧人："您刚才看到一个陌生人从这儿经过了吗？"

"有，有。"老僧人回答，"此人面目凶恶，方脸，酒糟鼻，一只眼，留有络腮胡子，个儿头不高，体形微胖，最显眼的是一脸麻子。"

"一只眼？"艾克王子十分诧异地说，"从您说的长相来看，这是麻子连长，可他并不是一只眼哪！"

二休说："也许他化了装。"

老僧人指明陌生人所走的方向，两人骑马追了上去。

两人追到一条河边，见一老翁头戴草帽，身披蓑衣，在河边垂钓。

二休下马问渔翁："请问，您见到一个独眼的人经过了吗？"

老渔翁连头也不回，不耐烦地说："往北跑啦！"

两人谢过渔翁，上马向北急追。可是，他们追了好一会儿，也不见麻子连长。

二休对艾克王子说："王子，咱俩停一停。我觉得刚才老渔翁说话的声音很像麻子连长。他是不是又在骗咱们？我们回去看看。"

"好！"艾克王子同意二休的看法，两人掉转马头，跑回河边一看，草帽、蓑衣、钓鱼竿都挂在树上，钓鱼的老翁不见啦！

二休十分气恼，说："他跑不远，追！"

　　两人追了一会儿，只见前面不远处有一座茅草屋，一位老人背靠着竹板墙在编筐。

　　艾克王子下马上前问道："老人家，您看见一个满脸麻子的人跑过去了吗？"

　　老人沉默了一会儿，然后慢吞吞地说："看见过。他从我这儿向前跑了一段路程，又忽然往回跑，跑了一半路，他提了提鞋；又跑了 $\frac{1}{3}$ 的路，他抽出了刀；再跑了 $\frac{1}{6}$ 的路，他忽然失踪了！"说完，老人又低头编他的筐。

　　艾克王子回头问二休："他怎么回答我一道数学题呀？"

二休眼珠一转，小声说："你让我想一想。"他接着附在王子耳边，嘀咕了几句。

二休对老人大声说："谢谢您啦，我们继续去追那个麻子了。"在二休说话的同时，艾克王子悄悄地拔出了剑，走到茅草屋的门前。他忽然抬腿把门踢开，闪身进到屋里。

艾克王子看见麻子连长正在屋内，面对竹板墙跪在地上，手中拿着一把匕首。匕首的尖从竹板缝中伸出去，正抵着编筐老人的后背。麻子连长正小声威胁说："你敢说实话，我就捅死你！"

仇人见面，分外眼红，艾克王子举剑直刺麻子连长。麻子连长想拔出匕首已经来不及了，他赶紧往边上躲。这时，二休也从外面拿着根棍子冲了进来。麻子连长两手各拿一把竹凳子，迎击艾克王子和二休的两面进攻。麻子连长边打边往门外退，刚退到门口，正想转身逃跑，一只大筐扣在了他的头上。原来，编筐老人举着筐，在门口等候他多时了。

活捉了麻子连长，大家都很高兴。艾克王子忽然想起一个问题，他问二休："你怎么知道麻子连长没走，而是藏在了屋子里呢？"

二休笑着说："这是因为老人家题目出得巧。题目中说，麻子连长向前跑了一段路，不妨把这段路程看作1，接着他又往回跑，跑了一半路提了提鞋，跑了 $\dfrac{1}{3}$ 的路抽出了刀，再跑 $\dfrac{1}{6}$ 的路就失踪了。由于 $\dfrac{1}{2}+\dfrac{1}{3}+\dfrac{1}{6}=1$，这说明麻子连长又跑了回来。"

"对！他跑回来就一定藏在茅草屋里。这道题出得实在是太妙啦！"艾克王子觉得数学真是妙不可言。

解决了麻子连长，二休担心起小派的安危，他对艾克王子说："请王子把麻子连长押走，我还要去找我的好朋友小派，谢谢你路上的关照，再见！"说完向艾克王子深深鞠了一躬，然后掉转马头，向远处飞奔而去……

跟踪独眼龙

二休被骑马的蒙面人劫走之后，小派一直放心不下，到处打听。这天，他正在山下的小镇上走着，看见三个土匪模样的人在小声议论什么。其中一个瘦高个儿说："智叟国王让咱们三个人进洞取宝，这多危险哪！"

一个矮胖、右眼上罩着一个眼罩的"独眼龙"说："危险？危险也要去啊！谁惹得起智叟国王这只老狐狸！"

另一个戴礼帽、留着一脸络腮胡子的家伙问他："大哥，把宝贝取出来后，咱们和智叟国王怎么个分法？"

"分？咱们能活着回来就不错了！"独眼龙猛吸了一口烟，把烟头往地上一扔，用脚一碾，说，"真要拿到宝贝，咱们哥儿仨就把它分喽！一点儿也不给智叟国王这个老家伙！"

瘦高个儿说："听说那个洞叫'神秘洞'，洞里全是机关暗器，防不胜防，我们稍不留神就要送命啊！"

络腮胡子也忧心忡忡地说："这洞里也不知藏着什么值钱的宝贝，为它冒险值得吗？"

独眼龙十分神秘地小声说："据智叟国王说，这件宝贝跟一个中国少年和一个日本少年有密切关系。"

小派听到这儿，心里咯噔一下。小派心想：这件宝贝还跟我和二休有关系？不成，我要探个究竟。

独眼龙一招手，说："兄弟们，想发财就跟我走！"说完，三个人向小镇外走去。

小派在后面远远地跟着他们。

他们走进一座山，在山里转了好一会儿后，来到一个山洞前。山洞的石门紧紧关着。

独眼龙查找着打开石门的线索，忽然发现石门上有个正六边形的孔。他拔出左轮手枪，试图捅开这个孔。没想到一块立方体形状的木头忽然从门的上面掉下来，正好砸在瘦高个儿的脑袋上，把他砸得一屁股坐在了地上。

"哪儿来的木头块？"独眼龙拾起木头一看，上面写着字：

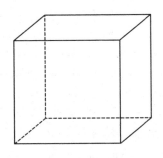

把这个立方体的木头切成两块，使截面恰好是正六边形，插入孔内，大门可自行打开。

瘦高个儿捂着脑袋说："把一个立方体木头砍一刀，砍出个正六边形？这可难啦！"

独眼龙瞪着他那只独眼："有什么难的？办法总是人想出来的呀！"瘦高个儿吓得后退了一步。

独眼龙在立方体的六条棱上，找到各棱的中点 M、N、O、P、Q、R，然后抽出腰刀，对准这六个点一刀砍下，把立方体木块砍成两块，截面果然是个正六边形。

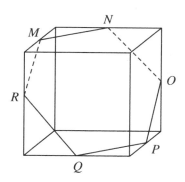

络腮胡子挑着大拇指说："独眼龙大哥的数学果然好！兄弟佩服！"

独眼龙把砍好的木块递给络腮胡子："你把它插进孔里试试。"

络腮胡子把砍好的木块用力往孔里一按，只听咯吱一阵响，石门慢慢地打开了。

"打开喽！快进去吧！"三个土匪争先恐后往里挤。

小派也悄悄地跟了进去。

他们没走多远，前面出现一道铁门。独眼龙气不打一处来："怎么又是一道门！"他抬脚对铁门猛踢了一脚。

吧嗒一声，一个圆柱形的木块从门上掉下来，这次正好砸在了络腮胡子的头上，他痛得哇哇大叫："妈呀，又砸脑袋啦！"

独眼龙捡起圆柱形木块看了看，说："你们看看铁门上有没有圆形的钥匙孔。"

络腮胡子小心翼翼地走到铁门前，仔细看了看："嘿，新鲜啦！一共有三个钥匙孔：一个圆孔、一个方孔、一个三角形孔。"

"我来研究研究。"独眼龙从口袋里掏出一把尺子，仔细测量起这三个钥匙孔。

瘦高个儿问："大哥，有什么发现？"

独眼龙说："这个圆的直径等于正方形的边长，又等于三角形的底边和高。"

络腮胡子问："难道要用这一个圆柱体，同时来开这三个钥匙孔？"

独眼龙拿起圆柱形木块，用尺子量了又量，然后说："这个圆柱形的底圆直径和高相等，都等于圆钥匙孔的直径。"

络腮胡子问："这有什么用？"

"当然有用啦。"独眼龙说，"我猜，它是要我们把这个圆柱形的木头削成一种特殊形状，使得它既能插进圆孔，又能插进方孔，还能插进三角形孔。"

瘦高个儿和络腮胡子泄气地说："这也太难啦！神仙才能做出来！"

独眼龙不理会他们俩，自言自语地说："为了得到宝贝，我就是绞尽脑汁也要把答案想出来！"三个人背靠背地坐在一起，一句话不说，抱着脑袋冥思苦想。

小派一直躲在后面的黑暗处听他们的谈话。独眼龙等人坐在地上想时，小派也在开动脑筋想。他拾起一块小石头在洞壁上画图，一不小心，小石头掉在了地上，发出了响声。

这响声惊动了独眼龙，他警惕地拔出手枪，高喊道：

"有人！是谁？快给我出来！"

瘦高个儿虚张声势地喊："我看见你啦！快出来，不然我们就开枪啦！"

小派赶紧藏进一道石缝中。由于山洞里很黑，三个土匪又没有带手电筒，所以虽然他们连喊带叫地找了好几遍，也没找到半个人影。

络腮胡子长吁了一口气，说："哪里有人呀？"

瘦高个儿笑了笑，说："我们是自己吓唬自己，谁敢跟在咱们后面？也不问问他长了几个脑袋！"

"没有人更好！一切还要多加小心。"独眼龙说完，又抽出腰刀，沿着顶圆的直径，斜砍了两刀，砍出一个斜劈锥的样子。

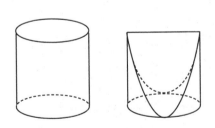

独眼龙用手托着这个斜劈锥，说："你们从上往下看，是什么形状？"

瘦高个儿和络腮胡子异口同声地说："是圆。"

独眼龙又问："你们再从前向后看，是什么形状？"

"正方形。"

"你们再从左往右看，又是什么形状？"

"三角形。"

"好极啦！"独眼龙哈哈大笑，说，"这就叫一物三用。我亲自来开这扇铁门！"

独眼龙先将斜劈锥的圆底放入圆孔里，往里一推，里面咔嗒一响；他又把斜劈锥平着放进正方形孔里往里推，又听到咔塔一响；最后他把斜劈锥转90°，再往三角形孔里推，又是咔嗒一响。随着这最后一响，铁门哗啦一声打开了。

"太好啦！"

"我们要发大财啦！"

瘦高个儿和络腮胡子唯恐落在后面，争相往里挤，都想第一个拿到财宝。

突然，两个人捂着脚，嘴里哇哇乱叫："妈呀！我的脚被扎啦！""娘哟！痛死我啦！"

独眼龙大吃一惊，他低头一看，乖乖，路上全是尖尖的钉子！这可怎么过去呀？独眼龙一扭头，看见了一件东西，他高兴地大叫："天助我也！"

知识点 解析

三视图

三视图是观察者从三个不同方向观察同一个几何体而画出的图形，几何体的正视图、侧视图和俯视图统称为几何体的三视图。故事中，把一个圆柱沿着顶面直径，斜切了两刀，砍出一个斜劈锥的样子。这个立体图形从三个不同方向看，分别是正方形、圆、三角形。

考考你

在方格纸中画出三个立体图形分别从正面、上面和左面看到的图形。

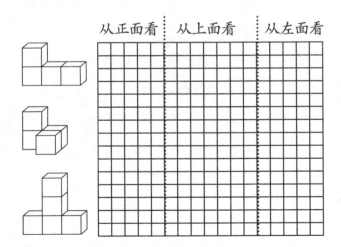

从正面看　从上面看　从左面看

悬崖遇险

独眼龙看见旁边停放着一辆履带式装甲车，他想：开着这辆装甲车过去，就不怕钉子扎了。瘦高个儿和络腮胡子两个土匪把自己的脚简单包扎了一下，也一起奔向装甲车。

怎样才能把这辆装甲车开动起来呢？独眼龙围着装甲车转了一圈，发现车的左侧有一块铁牌，上面写着使用说明：

将摇杆顺时针摇动猫鼠下，装甲车即可发动。注意：猫≠鼠，且各代表一位的自然数。另外，猫与鼠有如下关系：

猫 × 鼠 × 猫鼠 = 鼠鼠鼠。

看见铁牌上的说明，瘦高个儿生气地说："又是数学题，太伤脑筋了！管它三七二十一，我先摇它几下再说。"说完，他两手握紧摇杆，胡乱摇了几下。

只听轰隆一声，装甲车开动了。也不等他们三个人上车，车子自动往前走了。可是，装甲车像中了邪，追着他们三个人轧，吓得三个人又从铁门跑了出去。装甲车追到铁门口就停住了。

"胡来！"独眼龙生气了，他挥舞着拳头说，"怎么能够蛮干？不按说明书操作，装甲车能听你的话？"

瘦高个儿挠挠脑袋，说："可是，这猫呀，鼠呀，怎么算哪？"

独眼龙坐在地上，边写边说："鼠除以鼠等于什么？一定等于1。"

络腮胡子点头说："对，一定等于1。"

"这就好办啦！"独眼龙说，"把等式猫乘以鼠乘以猫鼠等于鼠鼠鼠的两边同除以鼠，得：

$$\frac{猫 \times 鼠 \times 猫鼠}{鼠} = \frac{鼠鼠鼠}{鼠}$$

$猫 \times 1 \times 猫鼠 = 111$。"

瘦高个儿在一旁没有耐心："算了半天，到底该摇几下呀？"

"着什么急！"独眼龙狠狠瞪了瘦高个儿一眼，又低头算了起来，"111只能分解成3和37的乘积，你们从这两个等式能不能看出结果来？"

$$猫 \times 猫鼠 = 111$$
$$3 \times 37 = 111$$

络腮胡子一拍大腿，说："我看出来了！猫等于3，鼠等于7。摇猫鼠下，就是摇37下。我来摇。"

独眼龙嘱咐说："别忘了，是顺时针摇！"

"好的。"络腮胡子双手握着摇杆边摇边数，数了37下后，装甲车发动起来。三个土匪上了车，装甲车轰隆隆沿着钉子路向前开去，所过之处，钉子全部被压倒。三个土匪坐在车里别提多高兴了，又说又笑，又嚷又叫。可是，装甲车开动起来就停不住了，穿过钉子路还一直往前开，开着开着，眼看着前面就是悬崖，三个土匪吓坏了，

大喊:"救命啊!"可是来不及了,装甲车一头栽了下去……

　　这一切都被小派看在眼里,他听没什么动静了,心想:这几个土匪是不是都摔死了?他走到悬崖边俯身往下一看,嗨,悬崖并不高,装甲车底儿朝天地躺在下面。三个土匪已经从车里爬了出来,虽然没有摔死,但是也都摔得够呛。

　　瘦高个儿双手捂着腰,说:"哎哟!疼死我啦!这可怎么上去啊?"

　　络腮胡子忽然看到半空吊着一副软梯,软梯距离下面有 3 米高,想直接够是够不到的。不过,软梯下面还垂着一个圆盘,圆盘上环绕着 16 个钥匙孔,这些钥匙孔从 1 到 16 都编上了号,中间有把钥匙。

　　络腮胡子摇摇头说:"一把钥匙,却有 16 个钥匙孔,这是什么意思?"

　　还是独眼龙有经验:"翻过来,看看后面。"

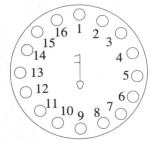

　　络腮胡子把圆盘翻过来,后面果然有字:

　　　　从孔 1 开始(但孔 1 不算,下同),按顺时针方向数 289 个孔,从那个孔再按逆时针方向数

578个孔，又按顺时针方向数281个孔，可得一孔，用钥匙开此孔，折叠软梯即可放下。

络腮胡子高兴极了："这下有救了，我来一个一个地数。"

"笨蛋！"独眼龙瞪了他一眼，"一个一个地数，什么时候才能数完！"

络腮胡子双手一摊："那可怎么办呀？"

独眼龙说："转一圈要数16个孔。如果要计算转几圈又剩下几个孔时，可以用16去除。"说着就在地上算了起来：

$$289 \div 16 = 18 \cdots\cdots 1$$

"这个式子表明，289个孔，需要顺时针转18圈，再多数1个孔，也就是落到2号孔上了。可以这样继续往下算。从2号孔开始，逆时针数578个孔……"独眼龙又写出：

$$578 \div 16 = 36 \cdots\cdots 2$$

"等于从2号孔开始逆时针数2个孔，落在16号孔上。"独眼龙继续写出：

$$281 \div 16 = 17 \cdots\cdots 9$$

"等于从 16 号孔开始顺时针数 9 个孔，落在 9 号孔上。"独眼龙算完后，命令道："好啦！把钥匙插进 9 号孔中，拧一下！"瘦高个儿依言而行，软梯果然徐徐放下。三个人高兴地顺着梯子往上爬。小派一看不妙，心想：我得赶快跑，别让他们发现了！

"有个人影！"瘦高个儿第一个爬上来，看见了小派的背影。

独眼龙大喊："快抓住他！别让他跑了！"三个土匪包抄上来，小派来不及躲藏，被他们抓住了。

"抓住了，是个孩子！"独眼龙看了小派一眼，说，"咱们爬上了悬崖，软梯又自动收上来了。我看，把他扔下悬崖吧，就是摔不死，他不懂数学也别想再上来！"

瘦高个儿和络腮胡子两个土匪，把小派推下了悬崖。幸好悬崖底下堆积了一摞干草，小派正好落在了干草垛上。

"哎哟，跌得我好痛啊！"小派揉了揉摔痛的屁股，说，"等将来我再和你们算账！"

小派一抬头，看见了软梯下挂着的圆盘，心想：刚才三个土匪在圆盘前嘀咕了半天，难道这个圆盘上有什么奥秘不成？他走近圆盘一看，噢，原来是这么回事！小派心想：这容易，我用正负数加法来解。把顺时针的数算正，把逆时针的数算负，这样一来：

$$顺时针数\ 289 \rightarrow +289$$
$$逆时针数\ 578 \rightarrow -578$$
$$顺时针数\ 281 \rightarrow +281$$

合在一起是：

$$(+289)+(-578)+(+281)$$
$$=289-578+281$$
$$=-8$$

小派自言自语地说："-8 就是从 1 号孔开始，逆时针数 8 个孔。1 个孔，2 个孔，3 个孔……8 个孔，好！正好是 9 号孔。"小派把钥匙插进 9 号孔一扭，软梯很快降下来了。他顺着梯子爬上了悬崖，决定继续跟踪这三个土匪，看看他们要取得什么宝贝。

逃离巨手

小派爬上了悬崖，拼命往前追赶，不一会儿就发现了三个土匪的踪迹，小派偷偷地尾随其后。

突然，空中响起了嘎嘎的声音，小派抬头一看，吓了一跳。一个巨大的机器人正伸出两只大手向下抓，一只手把独眼龙等三个土匪抓住，另一只手把小派抓住。两只手把他们紧紧地攥在手心里，同时举到半空。

小派往下一看，离地足有 10 层楼高；再向旁边一看，与独眼龙相距有 20 米。

独眼龙也看见了小派，他恶狠狠地说："你这个小孩怎么没有摔死？你总跟着我们干什么？"

小派也不甘示弱："我要看看你们三个土匪想干什么坏事！"

独眼龙火冒三丈，拔出手枪就要瞄准小派，正在这危急时刻，机器人瓮声瓮气地说："把枪放下！在我的手心里还敢动杀念？我把手一握紧，你们就全成肉泥啦！"

听到机器人的警告，独眼龙乖乖地把枪收了起来。独眼龙对机器人说："我们是奉智叟国王的命令，进神秘洞取宝来了，你为什么把我们抓起来？"

机器人回答："我是负责看守宝物的。如果没有智慧，不具备丰富的数学知识，就休想把宝物取走！"

独眼龙一指自己的鼻子，说："我的数学就特别好！此宝物非我莫属！"

"好吧！你看我的右眼。"机器人右眼一亮，出现了一个由圆圈和方框组成的式子：

$$\bigcirc \times \bigcirc = \square = \bigcirc \div \bigcirc$$

机器人说："将0，1，2，3，4，5，6这7个数字填进圆圈和方格中，每个数字恰好出现一次，组成只有一位数和两位数的整数算式。谁能回答出填在方格里的数是几，我就把谁放了。"

瘦高个儿说："大哥，快把方格里的数算出来，好让机器人先放咱们去取宝。"

"别吵！算题要保持安静！"独眼龙开始专心解题。

同时，小派也在紧张地思考着。他想：机器人让用7个数字组成5个数，必定有3个数是一位数，有2个数是两位数。什么地方可能出现两位数呢？只有方框和被除数可能是两位数。经过简单的计算，小派很快得出了结果：

$$③ × ④ = \boxed{12} = 60 ÷ ⑤$$

小派对机器人说："我算出来啦！不过，答案不能叫他们听到。"

"好的。我不会叫他们听见的。"机器人把托着小派的手举到耳朵边，小派凑到它耳边悄声说："是12。"

"对极啦！你可以取宝去啦！"机器人说完，就把小派很小心地放到地面上。

"再见啦，好心的机器人！"小派挥手与机器人告别，快步向前走去。

小派这一走，可把独眼龙他们急坏了。他们害怕小派抢先把宝贝弄到手，因此拼命解算这个问题。又过了一会儿，独眼龙也算出来了。

机器人把独眼龙等三个人放到了地上。他们的脚刚沾地，就拼命往前跑。独眼龙气急败坏地喊："快，快追上那个孩子，别让他把宝贝抢走了！"

小派怕被独眼龙追上，也是使足了劲儿往前走，走着走着，忽然脚下一踩空，扑通一声跌落进陷阱里。

小派定下神来仔细一看，陷阱是一个四四方方的小房子，只有一扇窗户，窗户上装有几根大拇指粗细的竖铁条。

"要想办法出去！"小派仔细地在小房子里寻找逃出去的

方法。他发现在窗户下面有一行很小的字：

想出房门，10根变9根。

小派仔细琢磨这句话的含义：什么叫10根变9根呢？他数了一下窗户上的铁条，不多不少正好10根。小派心想：10根变9根，是不是让我拔下1根？他先用手试了一下，发现如果拔下1根，头能钻出去，身体自然也能钻出去了。小派用力摇动每一根铁条，却无济于事，它们都纹丝不动。

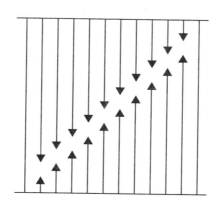

"1根也拔不下来，怎么才能10根变9根呢？"小派并不灰心，继续思考这个问题。他认真观察这10根铁条，发现每一根都是从中间某一处断开的。这些断开点的分布是有规律的，它们都位于由10根铁条所组成的长方形的一条对角线上。

"为什么断开点都在对角线上呢？"小派觉得，这肯定是解题的关键。

"哈，有啦！"小派双手抓住最左边的一根铁条，用力向右一推，只听哗啦一声，上半部分铁条向右移动了一个空当的距离，左边露出了一个空当。再一数铁条数，变成9根了。

小派高兴地从铁窗中钻了出来，顺着台阶爬出了陷阱。他正想继续往前走，忽然觉得腰部被顶上一个硬邦邦的东西，只听背后有人喊："不许动！"

小派掉头一看，是独眼龙用手枪顶住了他的后腰。

络腮胡子对独眼龙说："大哥，这小子总跟着咱们，他也想夺宝，我看一枪把他解决了算啦！"

"你懂什么？"独眼龙凶狠地说，"这小子数学相当好，咱们在夺宝的路上，还会遇到许多艰难险阻，留着这小子有用！"

独眼龙对小派说："这次你不用再跟着我们了，在前面带路吧！"

小派领头，一行四人默默地向前走。他们走了一段路后，前面有四扇门挡住了去路。四扇门都紧紧地关闭着，门上写着编号：1479，1049，1047，1407。

络腮胡子冒冒失失随手拉开了写着"1479"的门，忽的一声，门里伸出一条机器大蛇的头，大蛇张着大嘴，红红的舌头吐出来 1 米多长，吓得络腮胡子连滚带爬地跑了回来。独眼龙急忙掏出手枪，对着机器大蛇连开几枪。趁机器大蛇往回缩头的机会，独眼龙一个箭步蹿了上去，连忙把门关上。

独眼龙抹了把头上的汗，大声斥责络腮胡子："你找死啊！这门能随便开吗？"

瘦高个儿从地上拾起一个信封，只见信封上写着：

里面装有 5 张牌，你取出其中 4 张牌，排成一个 4 位数，把其中只能被 3 整除的挑出来，按从小到大的顺序排好，进第 3 个号码的门是安全的。

瘦高个儿把五张牌倒出来，只见上面分别写着：0，1，4，7，9五个数。瘦高个儿对独眼龙说："大哥，你给排一排。"

"有了这个小孩，还用得上我来排？"独眼龙转身对小派说，"快把这个四位数给我排出来！"

小派哼了一声："凶什么？我准备用0、1、4、7四张牌排列！"

"嗬，还挺横！"瘦高个儿拿着牌问，"你为什么不取0、1、4、9，而偏取0、1、4、7呢？"

小派瞥了瘦高个儿一眼，说："你连这么个小问题都弄不清楚？哎呀呀，真丢人！"说得瘦高个儿的脸一阵红一阵白。

小派在地上写了两个算式：

$$0+1+4+9=14$$
$$0+1+4+7=12$$

小派解释道："0，1，4，9的和是14，不是3的倍数，由它们组成的四位数不能被3整除；而0，1，4，7之和是12，是3的倍数，由它们组成的四位数可以被3整除。明白了吧？"瘦高个儿点了点头。

小派在地上一连写了 4 个四位数：

1047，1074，1407，1470

小派说："应该进 1407 号门。"

独眼龙推了小派一把，说："你去开门。"小派拉开 1407 号门，忽然回头对着独眼龙的肚子猛踢一脚，将他踢倒在地，然后趁机关上门，撒腿就跑。

独眼龙趴在地上，双手捂着肚子哎哟哟地乱叫，过了好一会儿才说："你们还愣着干什么？还不赶快去追！"

巧使数字枪

　　小派把独眼龙等三人关在门外，撒腿就往前跑。他心想：快跑，别让土匪追上。他跑着跑着，前面一条很宽的沟挡住了他的去路。

　　这条沟有多深？能不能跳下去呢？小派心里没底。他在沟边找到一条长绳子，心想：能不能用这条绳子来测量出沟有多深呢？可是我没有带尺啊！

　　小派又一想：没有尺也不要紧，可以先把绳子折成三段。小派抓住绳子的一端，把另一端放下去。当把绳子的这一端提到和他的头顶一样高时，绳子的另一端刚好到底；小派又把绳子折成四段，当把绳子的一端放到底时，地面上的部分恰好和他的手臂一样长。小派心想：我身高1.6米，手臂长0.6米，利用这两次测量就可以算出沟有多深了。为了求沟深，可以先求绳子长。

　　把绳子折成三段时：

$$每一段绳长 = \frac{1}{3}绳长 = 沟深 + 1.6$$

把绳子折成四段时：

$$每一段绳长 = \frac{1}{4} 绳长 = 沟深 + 0.6$$

把上面的两个式子相减：

$$\left(\frac{1}{3} - \frac{1}{4}\right) 绳长 = 1.6 - 0.6$$

$$绳长 = (1.6 - 0.6) \div \left(\frac{1}{3} - \frac{1}{4}\right)$$

$$= 1 \div \frac{1}{12}$$

$$= 12（米）$$

"啊！这条绳子长 12 米。有了绳子就可以算出沟深了。"小派写出算式：

$$沟深 = \frac{1}{3} 绳长 - 1.6$$

$$= \frac{1}{3} \times 12 - 1.6$$

$$= 2.4（米）$$

小派高兴地说："2.4 米，不深，我可以跳下去！"

过了沟，小派继续往前快步行走。他走了有 100 多米，发现前面停着两辆敞篷汽车。小派看见车的前轮上都标有直径和转速。其中一辆车轮比较大，上面写着：直径 0.6 米，每秒转 1 圈；另一辆车轮比较小，上面写着：直径 0.4 米，每秒转 2 圈。有了汽车真是太好啦！可是，小派转念一想：这两辆汽车车轮的大小不一样，转动速度也就不一样，哪辆车跑得快呢？

小派心想：当然，哪辆车跑得快，我就开哪一辆。不过，究竟哪一辆车开得快，需要算一算：

$$大轮车的速度 = 3.14 \times 直径 \times 每秒转数$$
$$= 3.14 \times 0.6 \times 1$$
$$= 1.884（米／秒）$$
$$小轮车的速度 = 3.14 \times 0.4 \times 2$$
$$= 2.522（米／秒）$$

"哈，原来小轮车跑得更快。"小派跳上了小轮汽车，却发现独眼龙正追了上来，"嘿，独眼龙，你去开那辆车，咱们来个赛车怎么样？"

独眼龙乐了："傻小子，我这辆车的轮子比你的大，跑起来肯定比你快。"说着跳上了大轮汽车。两辆车一前一后，飞也似的跑起来。跑着跑着，独眼龙的车就跟不上了。

小派向后挥挥手，说："再见喽，独眼龙！我先去取宝啦！"

独眼龙在后面气得鼻子都冒烟了，可是不管他怎样叫喊，他还是追不上小派，而且距离越拉越远。

小派开着汽车跑得正高兴，一低头看见油量指示针快指向"0"了。"坏了，快没油啦！"小派心里有些着急。嘿！前面有一个加油站，真是天无绝人之路。加油站由一个机器人看管，机器人旁边放着外形不同的两桶汽油，一桶又细又高，桶上写着：底圆半径0.2米，高0.6米；另一桶则又矮又胖，桶上写着：底圆半径0.3米，高0.3米。机器人对小派说："这两桶汽油，你只能拿走一桶。"小派开动脑筋了：我要多的那一桶。这个好办，分别计算它们的体积就成了。

$$细高汽油桶体积 = 3.14 \times 半径 \times 半径 \times 高$$
$$= 3.14 \times 0.2 \times 0.2 \times 0.6$$
$$矮胖汽油桶体积 = 3.14 \times 0.3 \times 0.3 \times 0.3$$

小派又想：其实用不着把两桶汽油的体积都算出来，比一下就可以了。

$$\frac{细高汽油桶体积}{矮胖汽油桶体积} = \frac{3.14 \times 0.2 \times 0.2 \times 0.6}{3.14 \times 0.3 \times 0.3 \times 0.3} = \frac{8}{9}$$

小派算好后，说："还是这只桶里的汽油多！我要这桶。"小派灌好汽油，刚把车开走，独眼龙的车就开到了，他们也要给汽车加油。瘦高个儿边给汽车加油，边对独眼龙说："大哥，咱们总追不上他，怎么办？"

"开枪！追不上就打死他！"独眼龙凶狠地掏出手枪，向小派的汽车连连开枪。

小派一听到枪声，赶紧把头低下，子弹嗖嗖从他头顶上飞过。小派心想：我不能这样等着挨打呀，得想办法弄支枪。小派边往前开车，边注意搜索，啊，路边真有一支枪和一个口袋，简直是想要什么就有什么，太好啦！但是，他停下车把枪和口袋拾起来一看，愣了，这是一支什么枪呀！

只见枪柄上写着"数字枪"，还有一段使用说明：

> 这支数字枪有左、右两个装弹盒，口袋里共有 10 颗子弹，每颗子弹上都有号码。如果左边弹盒压进的 5 颗子弹的号码乘积，等于右边弹盒压进的 5 颗子弹的号码乘积，枪就可以发射。

"真是一支奇怪的枪！"小派把口袋中的 10 颗子弹倒了出来，按号码大小排了排序：21，22，34，39，44，45，65，76，133，153。

小派看着这 10 个号码，心里琢磨着：把其中 5 个数相乘，等于另外 5 个数相乘，采用瞎碰的方法是不成的。怎么办呢？对，把每一个数都分解质因数，然后再从里面挑相同的质因数。试试看！

$$左边 = 76 \times 21 \times 65 \times 22 \times 153$$
$$= 2 \times 2 \times 19 \times 3 \times 7 \times 5 \times 13 \times 2 \times 11 \times 3 \times 3 \times 17$$
$$= 19 \times 17 \times 13 \times 11 \times 7 \times 5 \times 3 \times 3 \times 3 \times 2 \times 2 \times 2$$

$$右边 = 34 \times 44 \times 45 \times 39 \times 133$$
$$= 2 \times 17 \times 2 \times 2 \times 11 \times 3 \times 3 \times 5 \times 3 \times 13 \times 7 \times 19$$
$$= 19 \times 17 \times 13 \times 11 \times 7 \times 5 \times 3 \times 3 \times 3 \times 2 \times 2 \times 2$$

"哈哈，子弹按规定装进去了，我有枪使啦！"小派拿着数字枪，别提多高兴了。他拿着枪刚想开车，又听后面砰砰两声枪响，是独眼龙追上来了！

知识点 解 析

盈亏问题

一定的对象，按照某种标准分组，产生一种结果；按照另一种标准分组，又产生一种结果。由于分组的标准不同，造成结果的差异，由它们的关系求出分组对象的组数或对象的总量，叫作盈亏问题。盈亏问题有三种情况：①一次有余，一次不足；②两次都有余；③两次都不足。故事中，测量山沟的深度属于第二种情况——两次都有余，小派利用绳子总长的 $\left(\dfrac{1}{3}-\dfrac{1}{4}\right)$ 为（1.6−0.6）米，从而求出绳子的长度，再求出山沟的深度，如图：

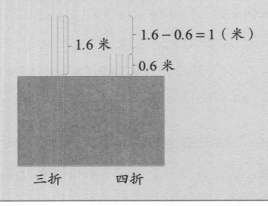

1.6−0.6 = 1（米）

1.6 米

0.6 米

三折　　　四折

考考你

独眼龙学着小派的方法测量一口枯井的深度，他把绳子两折时，井外多出 6 米，把绳子三折时，离井口还差 4 米，求绳长和井深。

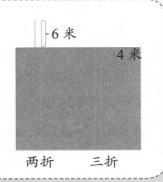

6 米

4 米

两折　　　三折

箭射顽匪

独眼龙开着车追上来，双方一前一后展开了枪战，乒乒乓乓好不热闹。要说开枪，小派和独眼龙比起来，相差可不是一星半点儿。独眼龙是个赫赫有名的土匪头子，枪法准确，弹无虚发。所以这场枪战是一边倒，没打一会儿，小派的汽车就被打坏了，后轮也中弹跑气，不能再走了。

小派见旁边有座山，便弃车往山上跑。独眼龙在后面边追边喊："别让他跑了，要抓活的！"

小派跑到了一个三岔路口。他想：沿着哪条路上山，可以更快地到达山顶呢？正琢磨间，他发现路边有一块路牌，上面画着一张路线图，还写着四个算式：

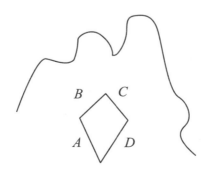

$$A+A+A+B+B=6.2（千米）$$
$$A+A+B+B+B+B=6（千米）$$
$$C+D+D+D=5.4（千米）$$
$$C+C+C+D=6.6（千米）$$

小派说："我需要求出 $A+B$ 和 $C+D$ 来，比较一下究竟哪条路更短些。"他很快就在地上列出几个算式：

$$A+A+A+B+B=3A+2B=6.2（千米）\quad ①$$
$$A+A+B+B+B+B=2A+4B=6（千米）\quad ②$$

由 $\quad 2×①-②$

得 $\quad\quad 4A=6.4（千米）$

$$A=1.6（千米）$$

又可求出 $\quad B=0.7（千米）$

则 $\quad\quad A+B=2.3（千米）$

同样方法，可求出 $\quad\quad C+D=3（千米）$

因此左边这条路近。

这时，独眼龙也追到了。络腮胡子问："前面有两条岔路，往哪边追？"

独眼龙双手同时向上一举，说："分两路包抄！"

小派跑到山顶上，想修一个防御工事，用来抵抗独眼龙。可他低头一看数字枪，糟啦，10 颗子弹全打光了！怎么办？这时，小派看见旁边有一堆大小差不多的石头，估计每块约有三四十斤重。他数了数，有 55 块石头。小派想：没有子弹不要紧，我来摆个石头阵：最下面放 10 块石头，每往上一层就少放一块石头。他一层一层往上放，一共放了 10 层，最上面一层恰好是一块。

小派擦了一把头上的汗，说："好啦！ 55 块石头全用上了。"

独眼龙等人已经追上山顶了。三个土匪趴在地上匍匐前进，慢慢向小派摆的石头堆靠近。他们离石头堆越来越近，却不见小派放枪。独眼龙眼珠一转，忽然从地上站起身来，举枪高喊："那毛孩子没有子弹啦，快上去抓活的！"

小派见三个土匪已经到了石头堆的前面，双手用力一推，哗啦一声，大石头从山顶上向土匪们直砸过去。

"妈呀！被砸扁啦！"

"哎呀！砸死我啦！"

三个土匪被石头砸得连滚带爬滚下山。

小派站在山顶哈哈大笑。他大声说："独眼龙，我在山上的楼房里等着你，快点儿来吧！"

小派跑到山上一座废弃的五层工厂厂房，推门走了进去，只见里面有许多废弃物，他低头认真寻找合适的材料，想做一件武器。

小派首先找到了一根竹棍，又找来一根粗琴弦，他用这两件东西做成了一张弓。有了弓，没有箭还是不成啊！小派找了很多细木棍，用这些木棍可以做箭竿。箭头怎样办？他又在工作台旁找到一些工字形钢板，钢板很硬，可以想办法用这些工字形钢板做箭头。小派按下图的方法，把钢板锯开，然后重新拼在一起，这样一个箭头就做成了。他把箭头安装在箭竿上，一支箭就做成了。小派一连做了好几支箭。

小派左手拿弓，右手拿箭，高兴地说："哈哈！我又有武器啦！多漂亮的弓和箭哪！"

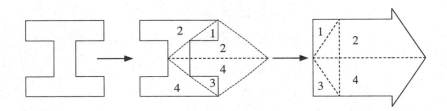

这时，独眼龙等人已经追过来了，他大声叫喊："那孩子藏在楼里，伙计们给我往里冲！"

"冲！"络腮胡子和瘦高个儿各拿着一支枪往楼里冲。

嗖！一支冷箭从楼上的一扇窗户射出来，正射中瘦高个儿的左腿。他"哎哟"一声，倒在了地上。

独眼龙刚一愣神，嗖，又一支箭射了出来。这支箭直奔独眼龙的脑袋来了，吓得独眼龙赶紧把头一低，箭蹭着他的头皮飞了过去。络腮胡子扭身就跑，结果他屁股上挨了一箭。

独眼龙有点奇怪，他说："见鬼了，这小孩的箭怎么射得这么准哪？"

这话让小派听到了，他从三楼窗户上探出头来，笑嘻嘻地说："我用弹弓打东西，百发百中，射箭也是内行。"

由于箭头还不够锋利，络腮胡子和瘦高个儿所受的伤都不算重。瘦高个儿找到一个没盖的铝锅顶在头上，络腮胡子拿着一块破门板作挡箭牌，两人又一次向楼门口冲来。他们这一招儿果然见效，小派射出来的箭被铝锅和门板挡住了。

土匪们冲到楼门口，由于门被小派事先锁上，他们一时还进不来。独眼龙在门口大喊："喂，小孩，告诉你，楼门已经被我们把住，你出不来了，快投降吧！"

小派心想：怎么办？他们有枪，我不能和他们硬拼。对，三十六计走为上策，我要想办法逃走。

独眼龙已经撞开了一楼和二楼的门，小派一步一步被逼上了五楼。在五楼，小派发现了一堆绳子，他眼睛一亮：把这条绳子放下去，我就能顺着绳子滑下去了。可他又不确定绳子够不够长。忽然，他有了一个好主意——他来到楼房的一根大圆柱子前，把绳子一圈圈缠到圆柱子上，一共缠了20圈。他用直尺量出圆柱的直径为25厘米，然后列出算式，算出了绳长：

$$绳长＝圆周率×圆柱直径×圈数$$
$$＝3.14×0.25×20$$
$$＝15.7（米）$$

　　小派抬头看了一下房子的高度，自言自语地说："每层楼最高也就是 3 米，从五层楼顶到地面最多 15 米。看来，这根绳子足够用。"

　　小派把绳子的一头在柱子上系好，把另一头从窗户放下去，然后抓住绳子往下滑。

　　当的一声，五楼的门被独眼龙踢开了。他一挥手，说："给我搜！"

　　络腮胡子拾到一张弓："只有弓，没有人！"

　　瘦高个儿发现了系在柱子上的绳子，大喊："快来看！那个小孩顺着绳子滑下去啦！"

　　独眼龙命令："拿刀，把绳子砍断！"络腮胡子抽出腰刀，照准绳子砍下去，绳子断了。只听小派在下面"哎呀"大叫一声。

过分数桥

络腮胡子砍断了绳子,幸好小派这时离地已经不远了,所以没摔伤。他赶紧爬起来,拍了拍屁股上的土,继续往前跑。

小派在前面拐弯处看到一块指路牌,上面写着"藏宝宫"。小派心中一喜:啊,终于找到了!指路牌前面有一座桥,桥边立着个牌子——"分数桥"。这桥由15块板组成,桥这边的中心板上写着"0",中间的9块板上分别写着9个分数,而桥那边的中心板上写着"1"。小派琢磨了一会儿,弄清楚过这座分数桥的窍门儿,很快就过了桥。

	0	
$\frac{1}{8}$	$\frac{1}{9}$	$\frac{1}{2}$
$\frac{1}{7}$	$\frac{1}{6}$	$\frac{1}{10}$
$\frac{1}{5}$	$\frac{1}{4}$	$\frac{1}{3}$
	1	

独眼龙等三人也追到分数桥边。小派在桥那边成心气他们："喂，有能耐过来抓我呀！"

络腮胡子被激怒了，他抬脚就上了桥。独眼龙一把没拉住，络腮胡子的双脚同时踩在了写着"$\frac{1}{9}$"的那块桥板上。只见这块桥板往下一沉，络腮胡子只来得及大喊一声"救命"，就扑通一声掉进河里了。河水很深，幸亏络腮胡子的游泳技术还不错，紧游了几下爬上了岸，他浑身湿漉漉的，像只落汤鸡。

独眼龙埋怨说："不能乱走！桥这边写'0'，桥那边写'1'。分数桥的意思是，要踩着分数之和等于1的三块板过去才行！"

络腮胡子问："踩 $\frac{1}{8}$、$\frac{1}{7}$、$\frac{1}{5}$ 过去行吗？"

独眼龙说："$\frac{1}{8}+\frac{1}{7}+\frac{1}{5}=\frac{131}{280}$，不等于1，不行！"

"那应该怎样走才能不掉进河里？"络腮胡子和瘦高个儿都蒙了。

独眼龙分析说："要这样走！先踩 $\frac{1}{2}$，再踩 $\frac{1}{6}$，最后踩 $\frac{1}{3}$，这样 $\frac{1}{2}+\frac{1}{6}+\frac{1}{3}=1$。"说完，独眼龙带头，三个土匪依次过了分数桥。

过了分数桥，前面就是藏宝宫。只见藏宝宫大门紧闭，门右侧有一个电钮，下面写着一个奇怪的算式：

请你按动电钮

$$
\begin{array}{r}
\times \qquad\qquad 钮 \\
\hline
开\,开\,开\,开\,开\,开
\end{array}
$$

"这是什么意思呢？"小派看到这个式子，他想：只有数才能做乘法，这里写的每一个字一定代表着一个数。我来试试。

"钮"不能是1，因为 $1\times1=1$，不符合"钮 $\times$ 钮＝开"。

"钮"也不可能是2，3，4，5，6。哈，"钮"是7，"开"必然是9，因为 $7\times7=49$ 嘛。这样往上推，"电"是5，"动"是8，"按"是2，"你"是4，"请"是1。这样：

$$
\begin{array}{r}
1\,4\,2\,8\,5\,7 \\
\times \qquad\qquad 7 \\
\hline
9\,9\,9\,9\,9\,9
\end{array}
$$

小派按了9下电钮，藏宝宫的大门打开了。没想到大门里还有两个扇门，一扇小门上写着"藏金"，另一扇小门上写着"藏书"。

"知识比金钱更可贵！"小派径直朝写着"藏书"的小门走去。

噔噔……伴随着一阵脚步声，独眼龙也跑进了大门。他向后招招手，说："快，快！趁大门还没关上，咱们赶快挤进去！"络腮胡子和瘦高个儿连跑带蹿地进了大门。三个土匪几乎同时看见了写着"藏金"的小门。

"啊！这门里有金子！"

"啊！宝贝在这屋里！"

"快撞开门抢金子啊！"

三个土匪不约而同地一起用力撞门。小门被撞开了。轰的一声，装在门上的炸弹爆炸了，三个土匪一个没剩，都被炸死了。这爆炸声吓了小派一大跳。他心想：得赶紧把书取出来！

"藏书"的门上有9个洞，这9个洞排成了三个式子：

$$\bigcirc + \bigcirc = \bigcirc$$

$$\bigcirc - \bigcirc = \bigcirc$$

$$\bigcirc \times \bigcirc = \bigcirc$$

旁边挂着一个小口袋，里面有9个小铜板，铜板上分别写着从1到9共9个数字。门的上方有个说明：

把9个铜板投入9个洞中，使得三个式子同

时成立，门会自动打开。

小派先从乘法开始试验，用1到9组成乘法式子，只有两个，即$2 \times 3 = 6$，$2 \times 4 = 8$。小派选取了$2 \times 3 = 6$。他再试验加法：$1 + 4 = 5$，$1 + 7 = 8$，$1 + 8 = 9$，$4 + 5 = 9$。小派选取了$4 + 5 = 9$，最后得出减法是$8 - 7 = 1$。

$$④ + ⑤ = ⑨$$
$$⑧ - ⑦ = ①$$
$$② \times ③ = ⑥$$

小派说："我现在只找到了一种方法，也许有别的方法，就不去管它了。"他就按着算出来的结果把9个铜板投到9个小洞中去了。小门自动打开了，小派往里一看，"啊"了一声，呆呆地站在了那里。

知识点 **解析**

趣味算式

趣味算式一般是给出某个算式，式子中有某些待定的数字或符号，要求我们根据运算法则、算式特征进行适当的推理判断，把不完整的算式补充完整。解题时需要经过审题、选择突破口和试验三个步骤。

故事中，门上 9 个洞排成三个式子，只有投入铜板使三个式子同时成立，门才会自动打开。小派先选取乘法算式，$2 \times 3 = 6$ 或 $2 \times 4 = 8$ 进行实验，再试加法，减法，最后得出结论。

考考你

将 1～9 这九个数分别填入下面算式的 □ 中，每个 □ 只能填一个数，且不能重复，使各算式都成立。

$$\square + \square = 6 \quad \square - \square = 6$$

$$\square \times \square = 8 \quad \square\square \div \square = 8$$

寻找二休

写着"藏书"的小门打开了，小派猛然看见智叟国王站在里面。

"啊！这是怎么回事？"小派惊呆了。

"哈哈……"智叟国王狂笑了一阵，"久违了，小派，没想到我们在这儿见面了。"

"这究竟是怎么回事？"小派质问智叟国王。

"怎么回事？"智叟国王得意地说，"这神秘洞探宝是我一手安排的，里面的各种机关埋伏也是我设计的。我设置神秘洞的目的，就是考验我请来的少年是否有随机应变的能力。好了，你考试合格了。"

小派还没有完全解除疑惑："独眼龙又是怎么回事？"

"独眼龙吗？他是一个土匪，一个强盗。由于他爱财如命，结果把自己的小命也搭进去了。"智叟国王把手一挥，说，"他是我的死对头，罪有应得！"

小派问到了最关心的问题："你把二休劫持到哪儿去啦？"

"劫持？请不要误会。我是送二休回日本国，谁知他半路跑掉了。"智叟国王笑了笑，说，"这次把你请到藏宝宫来，就是和你商量一下如何去寻找二休哇！"

"二休是你劫持走的，让我到哪儿去找？"小派气愤地别过脸去。

"你和二休可是患难之交，可不能丢下他不管哪！"

小派想了一下，说："好吧，你给我一张地图，并指明二休离开你们时的位置。"

"可以。"智叟国王取出一张地图，说，"我们最早带他到了虎啸山的虎跳崖。他从那儿逃进了'有来无回'迷宫，出了迷宫就到了山脚下的'红鼻子烧鸡店'，后来，他又遇到了诚实王国的艾克王子。"

小派打断了他的话，问："二休现在在哪儿？你啰啰唆唆地讲这些干什么？"

"好，好。麻子连长最后向我报告说，二休被艾克王子请到了诚实王国。"智叟国王干笑了两声，"我与艾克王子素来不和，也不好去诚实王国。请你去诚实王国找回二休，顺便要回麻子连长。"

小派有点不明白了："这跟麻子连长有什么关系？"

"嘿嘿。"智叟国王有点尴尬，"我派麻子连长一路上保护二休，结果二休没什么事，而我的麻子连长不见了。"

小派挖苦道："麻子连长可是国王您的心肝宝贝，谁敢打他的主意呀！"

智叟国王被说得脸一阵红一阵白，他干咳了两声，说："如果你去诚实王国找二休的同时，能把麻子连长也找回来，我一定以重金酬谢。"

小派追问："说话算数？"

"算数，肯定算数！如果你信不过我，我可以给你立个字据。"智叟国王说完就拿出纸和笔。

小派犹豫了一下，说："好吧！虽然你和麻子连长几次暗算我，但还是救人要紧，我不算旧账，不学你，怎么样？"

"很好，很好！你要多少钱吧？"智叟国王拿着笔准备写钱数。

小派想了想，说："我也不多要钱。从明天开始，第一天你给我1元钱，第二天给我2元钱，第三天给我4元钱，总之，每后一天都是前一天钱数的2倍，计算到我把麻子连长交给你的那一天为止。咱们一手交人，一手交钱。"

智叟国王觉得小派要的钱实在不多，就满口答应，写了一个字据交给小派。

小派又向智叟国王要了一匹快马，并问明道路，然后

跃马扬鞭，直向诚实王国奔去。

小派正赶路间，听到背后有人喊："小派，你等一等！"

"是谁叫我？"小派立即勒住了马，回头一看，见一位衣着华丽，长得又瘦又高的少年，骑着一头黑亮黑亮的大毛驴向他赶来。到了近前，这个瘦高少年跳下驴来，向小派深鞠一躬，说："向智慧超群的小派致敬！"

小派被这个少年的一连串举动弄得莫名其妙，忙问："你叫什么名字？我怎么不认识你呢？"

少年说："我叫智子。"

"智子？你是日本人？"

"不，我不是日本人。"少年摇摇头说，"我是智叟

国王的儿子，所以叫智子。"

一听说是智叟国王的儿子,小派立刻警惕起来: 怎么? 这次让他儿子来对付我? 我倒要试探一下他的来意,弄清虚实。

小派问: "你既然是智叟国王的儿子,一定和你父亲一样,心眼儿多,善算计喽?"

智子憨憨地傻笑了两声: "这你可猜错啦! 我爸爸说我从小缺个心眼儿,遇事总冒傻气。还说,什么时候我的智力能达到小派或二休的水平,他就心满意足了。"

小派见智子骑了一头大黑驴,觉得挺新鲜,问: "人家都骑马,你怎么骑驴?"

智子不好意思地低下了头,说: "我爸爸说,马比驴高级。由于我的智力比较低,还没有资格骑马。等我的智力水平和你们差不多时,再骑马。"

小派觉得智子并不像他父亲那样奸诈,而是天真、单纯,对智子的态度也变得友好了。

小派笑着问智子: "你把我叫住,有什么事吗?"

"嘿嘿。"智子说, "我想跟你去诚实王国找二休。和你们在一起,我也许能变得聪明一些。再说,我有一身好武艺,撂倒七八个大小伙子不在话下,路上还可以保护你。"

　　小派一琢磨，智子的本质是善良的，在智叟国王那儿他只能学坏，而自己和他相处一段时间，要是能告诉他应该做个好人，也算做了一件好事。想到这儿，小派同意和智子结伴而行。智子非常高兴，跨上大黑驴，绕着小派跑了三圈。

　　由于有智子同行，小派在智人国没有遇到任何麻烦，顺利到达边界。没想到在边界检查站，两人却遇到了阻拦。

骑驴的王子

小派骑马，智子骑驴，两人说说笑笑地到了边界检查站。智人国的士兵看到是王子驾到，立刻行举手礼表示敬意。智子刚想跨过边界到诚实王国去，没想到两名士兵举枪成 45°，两枪交叉把智子给拦住了。

智子把眼一瞪："你们俩吃了豹子胆啦？敢挡我的去路！"

士兵并不怕这位王子发火，硬是不放行。智子一时性急，扬起鞭子就要抽打士兵。一名军官大喊一声："慢！"他迅速从怀里拿出一张纸，高声读道：

命令

据可靠情报，王子智子要与小派一同去诚实王国。由于王子年幼，智力略显不足，为了安全起见，请劝阻王子不要出国。

智叟国王

智子很不服气："如果我的智力有很大提高，而且不听劝阻，怎么办？"

军官二话没说，又从怀里拿出一张纸，一本正经地读道：

命令

如果王子不承认自己智力不足，可考他下列问题。如果全部答对，可放行；如有一题答错，不能出境。假如王子耍横，可强行押解回王宫。考试的问题见另纸。

智叟国王

"这……"智子听了第二道命令就傻眼了。小派在一旁笑着说："真是知子莫若父啊！"

智子望着小派，十分可怜地说："你看怎么办？父王考我的问题，我肯定答不出来。一旦他们发现我答得不对，会毫不客气地把我押解回王宫的。"

"要相信自己。"小派鼓励智子，接着小声说，"不管你遇到什么困难，还有我呢。"

智子高兴极了，他转身对军官说："你按照父王出的问题考我吧！如有一道题答错，我愿意跟你们回王宫。"

军官咳嗽了两声，像变魔术一般，又从怀里拿出一张纸，这张纸大约有30厘米见方。他从口袋里拿出一把剪

子递给智子，说："智叟国王出的第一个问题是：用这把剪子在这张纸上剪出一个洞，然后你从剪出的洞中钻过去。"

"简直是胡闹！"智子发火了，他拿过这张纸在头上比试了一下，说，"这张纸我连头都钻不过去，别说我整个的人了！"

智子回头看见小派正冲他使眼色，立刻改口说："当然，整个人钻过去困难较大，但也不是完全不可能，让我想想。"

小派装着去看那张纸，凑到智子身边，趁军官不注意，偷偷把一张纸条递给了智子。智子打开纸条一看，非常高兴，他拿起剪子按回字形，先把方形纸剪成一个长条，再把纸条中心剪开（见上页图虚线部分），拼成一个大洞。智子轻而易举地从洞中钻了过去。

这一系列举动把军官看得目瞪口呆。看到军官发愣的样子，智子笑着说："我可以跨过边界了吧？"

"不，不。"军官连忙拦住，说，"还有一个问题呢！第二个问题是：给你一副扑克牌叫你算卦，要你算出二休和麻子连长正在干什么。"

"笑话！"智子摇摇头，"二休和麻子连长远在诚实王国的首都，他们俩现在干什么我怎么……"智子说到这儿，往远处一看，眼睛立刻乐成一条线，他接着说，"我怎么能不知道哇！二休、艾克王子正押解着麻子连长朝边界检查站走来。"

军官说："我已经把你说的结果和相应时间记下来了，我立刻打电话到诚实王国首都核对一下，看你说的对不对。"

"不用核对啦，王子说的一点儿也不错。你看，我们不是来了吗？"二休说着已经到了边界检查站。

军官一掉头，看见二休、艾克王子押解着麻子连长已经到了跟前。"怪呀！你怎么猜得这么准呢？"军官感到十分吃惊。

二休向小派引见了艾克王子，小派向二休介绍了智子王子。四位少年聚在一起，心里别提多高兴了。

智子拉住艾克王子的手，激动地说："我爸爸总对我说，艾克王子长得又丑又笨，诚实王国的政权将来不能落到艾克王子手中，一定要夺过来！今天我见到的艾克王子，却是个又漂亮又机灵的小伙子，比我可强多了！"

小派接着说："智叟国王说智子王子缺少心眼儿，我看哪，智子王子相当聪明，要说缺什么，只缺少智叟国王那种坏心眼儿！"

"哈哈……"四位少年齐声大笑。

"谁在说我的坏话！"原来，智叟国王早就到了边界检查站，一直躲在值勤的小屋中。

四位少年都没有理睬智叟国王。智叟国王看见麻子连长在一旁低着头一言不发，打招呼说："噢，麻子连长回来了，一路辛苦了。士兵，送麻子连长去休息。"

两名士兵刚要过来，小派抢先一步说："慢！智叟国王，我们还有一笔账没算！"

"账！什么账？"智叟国王有点莫名其妙。

小派从口袋中摸出一张纸条，递给智叟国王，说："这张纸条，你不会忘了吧？"

智叟国王看见纸条恍然大悟，他轻蔑地笑了笑，说："噢，你不说我还真的忘了。不就是给你的找回麻子连长的辛苦费吗？不值一提的几元钱，我这就付给你！"

"不着急付钱。"小派指着纸条说，"白纸黑字写得十分清楚，第一天给我 1 元，第二天给我 2 元，以后每天给我的钱都是前一天的 2 倍。"

智叟国王点了点头，说："没错，就是这样写的。你算一下，我要付给你多少钱吧！"

"好的。"小派不慌不忙地计算着，"我少要点钱，只要最后一天应付我的钱就够了。你听好，第一天是 1 元，第二天是 2 元，第三天是 4 元……第十天是 512 元。我和智子在路上走了 30 天，第十一天是 1024 元。"

智叟国王眯着眼睛说："不多，不多，才1000多元钱。"

小派接着往下算，他说："第十二天是 2048 元……第二十天是 524288 元。"

"什么？第二十天就要付你 50 多万元！"智叟国王的额头上开始冒汗。

小派又说："第二十一天是 1048576 元……第二十六天是 33554432 元。"

"不要再往下算啦！"智叟国王掏出手绢擦着满头大

汗，说，"第二十六天就要付你3000多万元，你要算到第三十天，我大概要把整个智人国都送给你啦！"

"不往下算就停住。"小派笑了笑，说，"你把那3355万元交给艾克王子，让王子用这笔钱给诚实王国的青少年办几件好事。把4432元给我和二休分了，用作回国的路费。"

"可是、可是我没带那么多钱哪！"智叟国王想赖账。

智子走了过去，从智叟国主的内衣口袋里掏出一叠钱，说："我知道你内衣口袋总装着4000多元钱。"被自己的儿子揭穿谎话，智叟国王感到非常难堪。

小派和二休告别了智子王子，在艾克王子的护送下踏上回国的路程。

艾克王子依依不舍地说："我真舍不得让你们俩走。"

小派和二休说："我们还会见面的。"

艾克王子担心地说："不知道智人国的将来会怎么样呢?"

小派满怀信心地说："智子心眼儿好，我对智人国的未来充满了信心！"

到了三岔路口，小派和二休分手了，小派回中国、二休回日本，艾克王子一直目送他们俩的身影消失在地平线上。

知识点 解析

等比数列

故事中，第一天付1元，第二天付2元，第三天付4元……第十二天付2048元，这其实是一个等比数列。一个数列，如果任意的后一项与前一项的比值是同一个常数（这个常数通常用 q 来表示），且数列中任何项都不为0，即：$a_{n+1} \div a_n = q$，这个数列叫等比数列，其中常数 q 叫作公比。等比数列的通项公式为 $a_n = a_1 \times q^{(n-1)}$。

考考你

小派出题考智叟国王：在2、3两数之间，第一次写上5，第二次在2、5和5、3之间分别写上7、8，以此类推（如下所示）：

$$2 \quad 3$$
① 2 5 3
② 2 7 5 8 3
③ 2 9 7 12 5 13 8 11 3

每次都在已写上的两个相邻数之间写上这两个相邻数之和，这样的过程重6次后，求所有数之和是多少？

答 案

小派被劫持了

$x = 18$（解析：$5 \times 8 \div 2 = 20$，$6 \times 9 \div 3 = 18$。）

二休不是和尚

小派答对9道，二休答对8道。

（解析：小派得分：$(76 + 8) \div 2 = 42$（分）；二休得分：$76 - 42 = 34$（分）。假设小派都答对，则答错$(5 \times 10 - 42) \div (5 + 3) = 1$（道），答对$10 - 1 = 9$（道）；假设二休都答对，则答错$(5 \times 10 - 24) \div (5 + 3) = 2$（道），答对$10 - 1 = 8$（道）。）

打　狼

智叟国王。

（解析：根据只有一句真话，判断小派和智叟国王说的话相互矛盾，必定是一真一假。假设小派的话是真的，那么智叟国王的就是谎话，麻子连长说的也是谎话。）

入敌营巧侦察

A：$1200 \times \dfrac{5}{12} = 500$（米）

B：$1200 \times \dfrac{1}{3} = 400$（米）

C：$1200 \times \dfrac{5}{12} \times \dfrac{1}{5} = 100$（米）

D：$1200 \times \dfrac{1}{3} \times \dfrac{1}{2} = 200$（米）

金条银锭藏在哪儿

$7 \times 9 + 2 = 65$（棵）

酒鬼伙计

摸出蓝球的可能性为：$5 \div (5 + 7) = \dfrac{5}{12}$

摸出黄球的次数可能为：$480 \times \left(1 - \dfrac{5}{12}\right) = 280$（次）

智力擂台

888 + 8888 ÷ 8 + 8 ÷ 8 + 8 = 2008

（解析：先凑出一个接近1000的数，如888和8888 ÷ 8 = 1111，这样就有888 + 1111 = 1999，再凑一个1和一个8就可以了，8 ÷ 8 = 1。）

会跑的动物标本

0.178（解析：17.978 ÷ （100 + 1） = 0.178。）

跟踪独眼龙

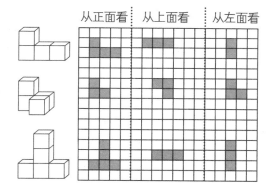

巧使数字枪

绳长：$(6+4) ÷ (\frac{1}{2} - \frac{1}{3}) = 60$（米）

井深：$60 ÷ 2 - 6 = 24$（米）

过分数桥

2 + 4 = 6   9 − 3 = 6   1 × 8 = 8   56 ÷ 7 = 8

骑驴的王子

1825（解析：第一次写后和增加5，第二次写后和增加15，第三次写后和增加45，第四次写后和增加135，第五次写后和增加405，……

它们的和依次增加5，15，45，135，405……为等比数列，公比为3。

它们的和为5 + 15 + 45 + 135 + 405 + 1215 = 1820，所以第六次后，和为1820 + 2 + 3 = 1825。）

数学知识对照表

书中故事	知识点	难度	教材学段	思维方法
小派被劫持了	找规律	★★★	四年级	数与数之间的关系
二休不是和尚	鸡兔同笼	★★★	四年级	假设法
打狼	逻辑推理	★★★	三年级	假设与矛盾
入敌营巧侦察	分数应用题	★★★★	六年级	求一个数的几分之几是多少
金条银锭藏在哪儿	最小公倍数	★★★	五年级	最小公倍数的求法
酒鬼伙计	可能性问题	★★★★★	六年级	概率与可能性
智力擂台	数字谜	★★★	三年级	观察，找突破口
会跑的动物标本	和倍问题	★★★	五年级	大数与小数的关系
跟踪独眼龙	三视图	★★★★	四年级	空间观察能力
巧使数字枪	盈亏问题	★★★★	四年级	盈亏问题的三种情况
过分数桥	趣味算式	★★★	四年级	数字与符号的特征
骑驴的王子	等比数列	★★★★★	六年级	找到等比数列的规律